KB075946

살아 보니,
지능

챗GPT와 글쓰기부터 뇌와 마음의 관계까지,
지능에 관한 특별한 대화

살아 보니, 지능

33한 프로젝트

이권우 × 이명현 × 이정모 + 정재승

강양구 기획·정리

어크로스

책 읽는 지성인들의 뇌에선
60년 동안 무엇이 영글고 있었나요?

정재승 KAIST 뇌인지과학과 + 융합인재학부 교수

    이권우, 이명현, 이정모, 세 분의 환갑을 기념해 대담을 나누고 이를 묶어 책으로 내자는 제안을 받았을 때 기꺼이 수락한 것은 그들에 대한 우정과 존경 때문만은 아니었다. 나도 나이가 들고 인생 후반전에 접어들면서 고민이 깊어져서다. 10년 가까이 먼저 삶을 살아낸 세 분의 조언이 누구보다 절실히 필요했다.

    도대체 인생의 매력은 무엇인가? 20~30대 삶을 지탱해준 '젊음'의 매력은 누가 설명해주지 않아도 명징하게 알 수 있었다. 그런데 나이 들어 늙고 노쇠해지는 내게 삶의 매력이란 무엇인가? 무슨 낙으로, 무엇에 기대어 살아가야 하는가? 미국의 가장 위대한 법사상가로 꼽히는 올리버 웬들 홈

스는 "20대는 신선한 건강미, 30대는 원숙함, 40대는 안정감, 50대는 우아함을 얻게 되듯, 인간은 복숭아와 배처럼 썩기 시작하기 직전에 단맛이 나는 법이다"라고 말했다는데, 세 분께 직접 묻고 싶었다. 탕에 비유하자면, 인생은 갓 만들어져 나올 때 그러니까 재료의 신선함이 느껴질 때 먹어야 할 탕인가요, 어느 정도 익혀야 맛이 살아나는 탕인가요, 아니면 두고두고 오래 끓이고 묵힐수록 더 맛있어지는 탕인가요? 60년을 살아보니 어떻던가요? '인생의 남은 3분의 1'을 어떻게 맞이해야 할까요?

그래서 내가 아는 사람들 중에 책을 가장 많이 읽은 세 분을 모시고 아무도 가르쳐주지 않은 이 질문에 대한 답을 얻고자 했다. 그분들에게 노년과 나이 듦에 대하여 여쭤보고자 했다. 어쩌면 그것은 지능의 삐거덕거림에 관한 대화일 수도 있겠다. 혹은 과학자의 나이 듦, 인문학자와 세상소통가의 나이 듦일 수도 있으리라. 그들이 지금까지 세상을 무대로 바삐 살아오면서 묵히고 영글도록 아껴둔 정신의 고갱이를 접하고 싶었다. 세 분의 비밀 창고에 들어가 60년산 빈티지 정신을 맛보고 싶은 마음이랄까?

특히나 세 분은 내게 롤모델 같은 분들이다. 아직도 왕성하게 책을 읽고 드라마나 연극, 영화도 챙겨보고 세상에 관해 날선 토론도 마다하지 않는다. 세상의 모든 지식에 민감한 촉수를 들이대고, 자신만의 분명한 판단 기준을 갖고 있으면서도 타인을 쉽게 판단하지 않는 분들이다. 그런 그들에게서 환갑을 기쁘게 맞이하는 노하우를 배우고 싶은 건 자연스러운 욕심이다.

이권우, 이명현, 이정모는 누구인가?

이권우 선생님을 언제 처음 뵈었는지는 기억이 가물가물하다. 언론사나 출판인회의에서 주최하는 '올해의 책' 같은 출판 관련 행사나 시상에서 함께 선정위원으로 활동하면서 알게 되었을 것이다. 존경스러운 성품에 매료되어 아태이론물리센터(APCTP)에서 과학 잡지 〈크로스로드〉를 만들고 초대 편집장을 하던 시기에 운영위원으로 모시고 과학대중화 활동을 오랫동안 함께했다. 과학자들로 구성된 운영위원들 중 거의 유일한 인문학자였지만, 그 누구보다 과학적이고 합리적이며 사려 깊은 분이었다. 머리가 아니면 몸도 아닌 분 말이다.

이정모 선생님과도 언제 처음 만났는지는 기억나지 않는다. 선생이 쓰신 책들을 일찌감치 읽었고 그 재기발랄함에 탄복했으며, 유달리 내 책들을 좋게 봐주셔서 항상 좋아하는 마음을 품고 있었다. 무엇보다도 과학관이나 자연사박물관처럼 관이 주도하는 공간을 깊이 애정하는 만큼 아쉬움도 크게 느꼈던 나에게, 대한민국 과학관의 수준을 한 단계 올려놓은 선생님은 더없이 존경스러운 분이다. 이상을 품고 있으면서도 현실에선 매우 열려 있고 유연한 분이다. 머리는 하늘 꼭대기에 있지만, 발은 땅에 딛고 계신 분이릴까?

이명현 선생님은 책도 좋고, 성품도 좋고, 하시는 말씀마다 마치 내 머릿속 같아서 항상 조언을 구하고 귀담아듣는 편이다. 칼 세이건을 나보다 더 좋아하는 몇 안 되는 분들 중 한 분이다. 게다가 그 누구보다도 생각이 열려 있는 분이다. 이명현 선생님과 마약이나 폴리아모리 같은 얘기를 덤덤하게 나누다 보면, 이분은 더없이 과학적이면서도 더없이 히피적인 사람이구나 하는 걸 느끼게 된다. 칼 세이건의 재림이랄까? 이분은 머리와 몸이 하나구나!

이쯤 되면 여러분도 궁금하실 거다. 도대체 어떤 분들이 기에, 환갑이라고 전국 순회공연을 다니듯 1년 동안 도서관과 독립서점 등에서 강연 여행을 함께 다니고, 출판사들이 이들의 대담을 책으로 묶어 내는 걸까 의아하실 거다. 김상욱, 장대익, 정재승 등 바쁜 학자들이 기꺼이 참여하고, 세상 제일 바쁜 강양구 기자까지 합세해, 환갑 기념으로 세 권의 책을 내는 전무후무한 상황이 어떻게 가능한 걸까? 나도 궁금하다.

짐작컨대, 그 이유는 공교롭게 세 분의 나이가 같고, 두루 인복이 많으며, 그동안 세상에 널리 뿌린 선한 씨앗들이 많고, 아무거나 물어보고 마음속 날것의 고민을 솔직히 쏟아내도 다 받아줄 것 같은 성품을 지닌 분들이어서일 게다. "무언가 큰일을 성취하려 한다면, 나이를 먹어도 청년이 되어야 한다"는 독일의 문호 요한 볼프강 폰 괴테의 말이 맞는다면, 이 세 분이야말로 영원한 청년들이다.

이번 대담집은 그 누구보다 책을 가장 많이 읽었고, 인문학과 자연과학에 대해 두루 균형 잡힌 시각을 가지고 있으며, 사회에 대한 나름의 관점·생각·행동을 다양한 각도에서 드러내고 실천하신 분들께 52만 5600시간을 산다는 것의 의미를 격의 없이 물어보고 대답을 듣는 '아무 말 대잔치 모음집'이다.

왜 환갑인 이들의 삶이 궁금한가?

1963년생 대한민국의 남성 지식인. 각각 국문학, 천문학, 생화학을 전공한 이들 셋에게 우리는 왜 주목하는가? 이 대담을 관통하는 나의 질문은 하나다. 책을 많이 읽은 사람들의 뇌에선 도대체 지난 60년 동안 무엇이 형성되고 쌓이고 남아 있을까? 당신들의 뇌는 우리의 뇌와 무엇이 다른가?

책의 시대를 관통해 살아온 이들은 인공지능 시대를 어떻게 받아들이고 있을까? 이들의 대답은 각별히 궁금하다. 정보를 어디서 어떻게 얻느냐가 그 사람이 세상을 바라보는 시각을 결정한다면, 책에 탐닉했으나 영화와 방송에 열려 있고, 지금도 유튜브로 세상을 이해하는 이분들의 사고방식이 궁금하다.

대담에서도 여러 번 등장하지만, 이들은 대한민국의 민주화를 이룬 세대다. 또한 지난 35만 년 동안 호모 사피엔스가 지구상에 존재해온 이래, 가장 빠른 문명의 격변기를 몸소 경험하며 대한민국에서 20세기 중반부터 지금까지 살아온 세대다. 신문, 라디오, 흑백텔레비전, 컬러텔레비전, 인터넷, 스마트폰, 메타버스와 챗GPT까지. 이렇게 아날로그에서 디지털에 이르는 모든 스펙트럼을 체험한 유일한 시대를 관통하고 있는 것이다. 아날로그로 배웠으나 디지털 시대를 살아내야 하는 그들에게 인생의 노하우를 묻고 싶다. 과연 우리의 지능은 인공지능과 견주어 버텨볼 만할까요?

왜 이들에게 '지능'인가?

우리는 이번 대담에서 '지능'을 중요한 화두로 던지며 얘기를 시작했다. 세 분도 자신들의 뇌에 대해, 지능에 대해 하고 싶은 말이 많아 보였다. 뇌가 예전 같지 않아서였을까? 덕분에 세상을 바라보는 관점은 어떻게 바뀌었을까? 환갑이 되면 무엇을 해도 세상의 이치에 거슬림이 없어질까? 책을 많이 읽으면 60세에도 '젊은 지능'을 갖게 될까? 다음 세대는 이미 유튜브를 통해 세상을 받아들이고 있는데 우리는 여전히 책을 읽어야 할까? 이런 질문에 대해 이분들은 과연 어떤 대답을 해줄까? (페이스북에서 보니, 요즘 서재의 책들을 버리고 계시긴 하던데!)

내가 집요하게 물어보는 질문, '책을 많이 읽으면 노년이 달라질까?'에 대해 이분들이 어떤 대답을 내놓는지 들어보시라. 그리고 나이 들어가는 뇌를 감당하며 노년을 맞이하는 이들의 해법을 참고해보시라. 저마다 다른 관점을 던지는 지식인들의 환장, 아니 환갑을 유쾌하게 즐길 수 있을 것이다.

또 하나, 대담을 위해 내가 준비해간 질문들 속에는 우정, 그러니까 사회적 지능, 혹은 지능의 연대에 관한 것들도 있었다. 세상에 더없이 질투가 나는 우정을 공유하고 있는 세 분에게 우정의 의미를 물었고, 사회적 지능과 정서적 지능은 나이가 들면 어떻게 변하는지 여쭈었다. 우리는 더 옹졸해지는가, 더 포용성이 커지는가? 나이를 먹었다고 해서 더 현명해지는 것이 아니라, 그저 조심성이 많아질 뿐이라고 말한 미국 작가 어니스트 헤밍웨이의 말은 정녕 사실인지 궁금했다.

사실 젊은 시절 책 읽기를 통해 학습의 즐거움을 만끽한 사람들은 평생 무엇으로든 학습한다. 책이나 공연, 여행과 운동, 그 무엇을 통해서든. 아니면 타인을 통해서라도 말이다. 이 세 분은 전혀 다른 라이프스타일을 갖고 있지만, 서로 깊이 신뢰한다. 이를 바탕으로 한 우정은 티격태격할 뿐 쪼개지지 않는다. 노년의 행복감은 가까운 우정에서 나온다는 숱한 연구 결과가 있지 않은가! 이번 대담에서 노골적으로 물어보는 내게 그들이 내놓은 우정에 관한 이야기를 즐겨주시라.

60세에게 '인공지능 시대의 미래'를 묻다

나이가 들수록 대화는 늘 과거에 머문다. 무엇을 묻든 과거로 돌아간다. 옛날 이야기를 하면서 시간을 보낸다. 미래로 가는 시간은 느리게 흐른다. 하지만 이들과의 대화는 미래를 향해 있었다. 노년이야말로, 자신의 눈으로 확인할 수 없는 미래가 얼마나 궁금하겠는가? 자신의 과거가 투영된 미래를 이야기하는 것만큼 흥미로운 일이 또 어디에 있는가?

나이가 많은 사람들과의 대화가 지루한 건 그들이 항상 과거를 말하기 때문인데, 여기 2만 1900일을 산 어른들과 나누는 미래 이야기는 퍽 즐거웠다. 자신의 내밀한 경험을 기꺼이 나누고, 다음 세대를 향한 애정이 넘치며, 미래를 위해 뭐라도 하겠다는 사회적 책무까지 겸비한 이들의 해법은 귀담아들을 수밖에 없다. 영국의 시인 토머스 엘리엇은 이런 말을 했다. "50대와 70대 사이의 20년간은 인생에서 가장 고달픈 시기다. 그 시기에는 많은 요청이 들어오지만 그렇다고 그것을 거절할 만큼 충분히 늙은 것도 아니기 때문이다." 여러분은 아래 대담에서 세 분의 목소리로 생생하게 확인할 수 있을 것이다. 시인의 말이 무슨 뜻인지.

내가 각별히 놀란 건, 기후 재난을 크게 걱정하면서도 인공지능은 오히려 걱정하지 않는 이분들의 태도였다. 이분들은 인공지능으로 위협받는 세대이지만, 오히려 글쓰기에 열려 있는 태도를 보여주었다. 평생 글을 써왔지만 글을 써주는 생성형 인공지능의 가능성에 주목하는 태도에 경외감을 표한다. 실상 우리 사회는 반대 아닌가? 인공지능에 대해서는 위협, 멸종 같은 단어들을 써가며 걱정하는 언론도 기후 변화에 대해서는 다른 나라들보다 훨씬 조용하다.

이들에게 종횡무진 원 없이 물었지만, 충분하지 않다. 여전히 궁금한 것이 많다. 다음에 또 기회가 주어진다면, 이들의 성생활을 노골적으로 묻고 싶다. 아내와의 성생활은 환갑 즈음에는 어떤 국면으로 접어들었는가? 3153만 6000분 정도 세상을 살면, 이성에 끌리는 마음을 다스릴 수 있는가? 언제쯤 설레지 않고 평정심으로 이성을 대할 수 있는가? 아마 이분들은 이런 질문에도 솔직히 대답해줄 것이다. 환갑 이벤트 19금 버전, '살아 보니, 섹스' 판을 간절히 기약해본다.

정재승, 어떤 마음으로 대화를 듣고 있는가?

50세를 넘기면서 정신적으로 삶이 많이 힘들었다. 가장 활발한 사회적 나이를 관통하고 있는 지금, 젊음은 내 삶에서 한창 멀어지고 있었다. 《정재승의 과학 콘서트》로 일찍 세상에 알려진 나는 항상 '젊은 과학자'라는 수식어가 따랐고, 어딜 가나 막내, 나를 예뻐해준 선배들로 가득 차 있었지만, 어느새 나도 10년만 지나면 '원로', '구닥다리'가 되어가는 건 아닌가 불안감이 엄습해온다. 이들이 60세를 지나는 모습을 보면서 나 또한 60을 준비하게 된다.

이권우, 이명현, 이정모. 이들을 보니 결국 뭐든지 '지능'

이다. 머리가 좋아야 한다는 말이 아니라 머리를 잘 쓰는 사람이 되어야 한다는 의미다. 공감과 배려, 우정도 지능이다. 타인의 마음을 읽으려는 태도, 헤아려 행동하려는 노력이 곧 지능인 것이다.

이들은 평생 책을 읽었지만, 책으로만 세상을 바라보지 않았다. 이들은 저녁 식사자리에서도 항상 책을 인용하지만, 책이 말해주지 않는 것을 사회에서 배우고 타인에게서 배운다. 자신의 '인식의 지평'에 한계가 있음을 겸손하게 받아들이는 태도도, 이를 다양한 방식으로 극복하려는 노력도, 결국 모두 지능이다. 60이라는 나이는 지능에서 나온다. 자신의 뇌가 가진 인지능력을 더 나은 세상을 만드는 데 아낌없이 쓴 사람들의 환갑은 더없이 아름답다.

시험을 잘 보고, 한줄 세우기에서 앞에 서고, 좋은 학교를 나온 것이 지능이 아니라, 나를 이해하고 타인을 이해하고 세상을 이해하는 데 자신의 뇌를 제대로 사용할 줄 아는 것이 지능이다. 그런 점에서 환갑은 여전히 지능적이다.

데이터를 기반으로 계산하고 분석하는 것이 인공지능의 미덕이라면, 우리는 인공지능과 함께 나만의 관점에서 세상을 해석하고 평가하고 판단하고 이해할 수 있다. 그렇다면 인공지능이 별로 두렵지 않을 수 있다. 그것은 60세가 되고 은퇴를 해도, 세상과 결별하기 전까지 끝나지 않으리라. 그들과 긴 대화를 나누어보니, 결국, 60년을 살아 보니 '지능'이더라.

차례

1부

나이 들어가는 뇌

"책을 많이 읽은 뇌는
 나이 60이 되었을 때,
 남들과 다른가?
 이게 함께 이야기하고 싶은
 첫 번째 질문입니다."

정재승   우선 존경하고 좋아하는 세 분 선생님과 이렇게 나이 듦에 대해 깊은 대화를 나눌 수 있어서 무척 설레고 기쁩니다. 40~50대로 접어들어 '삶이 유한하지 않고 언젠가는 그 끝이 있다'는 너무나 당연한 사실을 현실적으로 직시하게 되면서, 그리고 인생 후반전을 준비하게 되면서, 자연스레 나이 듦에 대해 진지하게 고민하게 되더라고요. 저 또한 그런 사람 중 하나이고요.

그래서 '환갑을 맞이한 책 많이 읽은 지성인'인 세 분 선생님과 나이 듦에 대해 성찰적인 대화를 나누고자 합니다. 제가 뇌과학자이다 보니 특히 뇌에서 일어나는 변화에 대해 집요하게 여쭤보려 합니다. 준비되셨죠? 처음 문을 여는 질문은 '노화'입니다. 첫 질문부터 당혹스러운 현실을 인식하게 만들어드려 죄송합니다.

이권우   아이고, 괜찮아요. 실제로 노화가 진행 중인데요.

이정모   우리 아버지가 55세에 은퇴했는데, 그때는 아버지가 너무 늙었다고 생각했어요. 그런데 내가 그때의 아버지보다 다섯 살이 많은데도 늙었다는 생각이 전혀 안 들어요. 만약에 내가 스스로 늙었다고 생각한다면 60세에 노화 이야기를 하는 게 섭섭할 수도 있겠죠. 하지만 내가 그렇게 생각하지 않으니 괜찮아요. (웃음)

이렇게 얘기하고 나니 궁금하네요. 도대체 한 세대 사이에 왜 이렇게 큰 차이가 나는 거지? 요즘은 환갑에 집안 식구끼리 밥도 안 먹는 시대잖아요. 그런데 피 한 방울 안 섞인 친구 셋이 다니면서 강연도 하고 책을 내겠다고 모여서 이야기도 나누고 있으니 이것만으로도 즐거워요.

정재승   이명현 선생님은 60이라는 나이가 와닿으세요?

이명현   처음에는 환갑, 즉 60세가 딱히 의미 있게 와닿지 않았어요. 그냥 60세가 되나 보다 했죠. 이정모 선생이 말했듯이 늙었다는 생각도 안 들고.

강양구　　그렇게 무심했다고 하기에는 몇 년 전부터 환갑 이벤트를 준비했잖아요.

정재승　　이번 환갑 이벤트를 세 분 선생님과 실질적으로 함께 기획한 분이 강양구 기자이고, 강 기자님도 이 자리에 저희와 함께하고 계시는데요. 이렇게 전국을 순회하며 일 년 내내 강연 여행이라는 화려한 환갑 이벤트를 맞이하면, 나이를 인식하지 않으려야 않을 수 없을 것 같습니다. 환갑 강연 여행을 왜 떠나시게 된 겁니까?

이명현　　평소 재미있는 걸 궁리하고 실험하는 일을 즐기니까. 우리가 그동안 빚진 도서관이나 출판사가 많잖아요. 그래서 환갑을 핑계 삼아서 돌아다니면서 빚이나 갚자, 이런 취지였었죠.

이권우　　그런데 정작 이렇게 내로라하는 분들과 좌담하고 책을 내는 새로운 빚을 지고 있어요. (웃음)

이명현　　그런 말을 꺼낸 게 정말 이렇게 연간 계속하는 거창한 이벤트가 되었는데. 사실, 정말로 60세도 의식하지 않았고, 총체적으로 노화를 생각해본 적도 없어요. 오히려 이번에 두 친구와 환갑 이벤트를 하면서 '늙는다는 것', 노화를 깊이 고민하게 되었어요. 그런 점에서 60세가 한 번 삶을 점검하고 넘어가기에는 의미 있는 나이 같아요.

돌이켜보면, 삶의 전환기가 있잖아요. 우선 30세가 의미가 있었죠. 우리랑 동갑인 고(故) 김광석의 〈서른 즈음에〉 같은 노래도 있었고. 또 40세도 의미가 있었죠. 고(故) 고정희 시인의 시 〈사십대〉도 생각나네요. 마찬가지로 60세도 딱 그렇게 삶의 전환기로 받아들이고 있어요.

강양구　그래도 서른, 마흔하고 예순은 느낌이 다르지 않나요?

이명현　물론이죠. 지금은, 이렇게 말하면 과장 같지만, 진짜 죽음을 생각해야 할 나이죠. 잊을 만하면 또래 부고 문자가 날아와요. 솔직히 육체적으로는 더 살아도 정신적으로는 한 10년 정도 버티는 게 한계가 아닐까, 이런 생각도 합니다. 그러니까 60세는 더 늦기 전에 지금까지의 삶을 정리하고 남은 삶을 준비하는 전환기가 될 수 있죠.

이권우   나는 태어났을 때 죽은 줄 알고 윗목에 밀어놨었대요. 사돈 어르신 가운데 한의사가 있었는데 그 양반이 준우황청심환을 어린 나한테 먹였다나 봐요. 그 때문인지는 모르지만 살아났어요. 하지만 어렸을 때는 건강이 시원찮았어요. 중학생 때는 류머티즘이 와서 굉장히 고통스러웠고요. 그러다 서른 정도부터 조금씩 건강해졌어요. 현대 의학의 힘을 빌린 거죠.

그렇게 건강 유지를 하나 싶었는데, 작년(2022년)에 전립선 비대증이 생기면서 병원에 다니기 시작했죠. 전립선 비대증이 남성의 노화를 상징하는 비뇨기 질환이잖아요. 그때 처음으로 육체적인 노화를 실감했어요. 아직 정신은 말짱한데 몸부터 늙나 싶었죠. 참, 이정모도 당뇨병 앓고 있지 않은가?

이정모   나도 당뇨 관리한 지 오래됐어요. 당뇨는 만성질환으로 계속 관리하고 있어서 특별히 노화와 연결은 안 돼요. 나는 생식기의 리비도가 사라지는 순간에 '아, 늙었다'

정재승

생각했죠.

강양구   짓궂지만… 언제부터? (웃음)

이정모   한 1, 2년쯤 된 것 같아요.

이권우   그건 현대 의학의 도움을 받아야지.

이정모   물론 현대 의학의 도움을 받으면 되지. 그런데 그럴 마음도 안 생겨서. 오히려 편합니다. (웃음)

강양구   정재승 선생님도 궁금해요. 정 선생님은 세 분 선생님과 거의 10년 터울이잖아요. 항상 청춘 같았던 정 선생님도 이제 50대네요?

정재승   그러니까요. 30대 초에 교수가 되고 연구실을 꾸리고 본격적으로 과학자의 길로 접어들면서 과학 연구를 수행하며 느꼈던 단상들을 묶어 책을 내려 했어요. 그때 생각했던 책 제목이 제임스 조이스의 《젊은 예술가의 초상》을 빗대어 《젊은 과학자의 초상》이었는데, 얼마 전에 '써야 할 책 리스트'에서 이 책을 뺐어요. '젊은'이라는 단어가 민망해서 도저히 못 쓰겠더라고요. 책 제목에 딱히 대안도 안 보이고요. 중년 과학자의 초상, 늙은 과학자의 초상은 좀 서글픈 것 같아서요. (씁쓸하게 웃음)

제가 더 이상 젊지 않다는 게 받아들이기 힘들 만큼 슬퍼요. 떠올려 보니까, 30~40대 때하고 50대가 되는 순간 느낌이 많이 다르더라고요. 도약과 성장이라기보다는 성숙과 성찰의 느낌이 강하게 들었어요. 기성세대로서 사회적 책무도 느껴지고, 50년의 삶을 정리해보고 싶은 욕심도 나고, 그러다 또 여전히 어리기만 한 내 뇌를 생각하면 50이라는 숫자가 감당하기에 버겁게 느껴지기도 하고요. 여전히 '하늘의 뜻'은 잘 모르겠고요.

강양구　　특히 어떤 게 싫어져요?

정재승　　제가 40대 때 50대 선배들을 보면서 답답했던 것들이 있었어요. 미래보다는 자꾸 과거를 얘기하고. 배우려 하기보다는 자꾸 가르치려 들고, 듣기보다는 자꾸 말하기를 더 좋아하고. 재미없는 얘기를 오래 하고, 재미없어 하는 걸 눈치 못 채고. 그런데 저도 그렇게 될까 봐, 혹은 저도 그런 취급을 받을까 봐 서글퍼지더라고요.

그래서 오늘도 60세가 된 분들과 이야기할 때 답답해하지 말고 나이에 대한 선입견 없이 조심해야겠다, 이런 생각도 했죠. 결국 세 분은 저의 미래일테니까요. 오늘은 세 선생님께서 '인생을 3분의 2쯤 살아봤더니 내 뇌가 어떻더라' 이런 이야기를 아직 3분의 1 근처에 머무는 후배들에게 들려준다고 생각하고 말씀해주시면 좋을 것 같아요. 그러면 독자들에게 매우 유익한 시간이 될 겁니다.

지식의 연결점

정재승 그런 맥락에서 중요한 질문 하나를 드려볼게요. 특히나 세상에서 책을 제일 많이 읽은 세 분께 여쭙고 싶습니다. 책을 읽어 온 삶은 나이 60이 되면 어떤 경지에 도달하게 되나요? 정말 나이 60이 되면 유시민 선생님이 말한 것처럼 뇌가 썩나요? (웃음)

이권우　　정말 솔직하게 답할까요? (웃음)

정재승　　네, 솔직히 말씀해주세요. (웃음) 책을 다 버릴 준비가 되어 있습니다.

이정모　　내가 두 번 산다면, 다른 생은 책을 열심히 안 읽고서 비교할 수 있을 텐데 그러지 못하니 답에 한계가 있겠죠. 다만 친구 대부분이 책과는 거리가 먼데, 책을 안 읽고 밖에서 시간을 많이 보내는 친구들은 육체적으로 건강해요. 산에 가고 골프 치고 테니스 치고. 그 친구가 정신적으로는 다른가? 모르겠어요. 육체적·정신적 건강에서 큰 차이가 나기에는 예순은 조금 이르다 싶어요.

강양구　　그럼, 이정모 선생님이 30대, 40대, 50대 초반 때랑 비교했을 때 지금 뇌의 활동에서 달라지는 게 있어요? '이렇게 늙나?' 이런 느낌이요.

이정모　　30대, 40대, 50대 때랑 비교했을 때 뇌 기능을 비교하기는 그렇고. 가장 눈에 띄는 변화는 마음이 바뀐 거죠.

급하지 않아요. 옛날에, 50대까지만 하더라도 빨리 읽고 빨리 이해해야 하는데 그러지 못하는 내가 답답했어요. 독서백편의자현(讀書百遍義自見)이 아니라 독서이(二)편의자현이 돼야 하는데, 이 나이가 되도록 백 번 읽어야 하나 했죠.

요즘은 읽다가 이해가 안 되면 건너뛰고 생각나면 다시 읽고, 그래도 안 되면 말고, 그래요. 그렇다고 과거와 비교했을 때 흡수를 못하는 것도 아니에요. 그냥 자세가 바뀐 거죠. 특별한 계기가 있었던 건 아닌데, 조급함이 없어졌어요. 내 뇌에서 시간이 천천히 가는 것 같아요.

이권우   평소 책 읽는 사람이 노년에 가장 행복할 수 있다, 이렇게 생각해요. 먼저 나이 든 선배들이 흔히 하는 말이 "매일 등산 가기도 지겹다" 이러거든요. 반면에 책 읽는 사람은 온전히 혼자서 책과 대면하면서 책 속에 펼쳐진 세상과 계속 연결될 수 있어요. 솔직히 지루할 틈이 없습니다. 그런데 이 정도가 되려면 상당히 오랫동안 책 읽는 훈련이 필요해요. 평소 고스톱, 등산, 골프만 즐기던 사람이 노년에 갑자기 책과 친해지려고 해도 그럴 수가 없어요. 그런데 취미 모임도 나이가 들수록 줄어들게 마련이거든요. 그러면 자연스럽게 사회적인 외로움이나 고립감을 느끼게 되죠. 그런 점에서 책과 친하게 지냈던 나는 행복한 경우예요. 다행스럽게도, 우리 또래는 특수한 경험을 했죠. 코로나 팬데믹을 겪고 나서 예순을 맞았는데, 그 3년간 오리엔테이션을 받았어요. 사회적으로 교류가 없었고, 또 드물게 기회가 오더라도 굉장히 조심했고. 그렇게 3년을 보내고 나서 예순을 맞이한 덕분에 사회적으로 외로움이나 고립감을 느끼는 걸 연습한 셈이라고나 할까요?

강양구　어휴, 세 분은 '인싸'라서 책 없이도 외로움이나 고립감을 느낄 일은 없을 테니 걱정 마세요. (웃음)

이명현　나는 어릴 때부터 책을 좋아했고 살면서 책을 손에서 놓은 적은 없었죠. 하지만 그때도 다들 읽는 책은 손이 안 가더라고요. 《그리스 로마 신화》, 《탈무드》, 《이솝우화》, 《성경》, 《삼국지》…. 이 가운데는 아직도 손 한 번 안 대본 책이 많아요. 아, 맞다. 위인전도 싫어했고요.

정재승　세상이 권하는 건 기본적으로 안 하시네요. (웃음)

이명현

이권우　우주를 보시는 분인데 세상을 왜 봐. (웃음)

정재승　그러네, 세상을 등지고 우주를 향하셨네. (웃음)

강양구　이명현 선생님께서 어릴 때부터 그런 책들을 읽었으면 더 훌륭해지지 않았을까요? (웃음)

이명현　한 가지 일화를 말하자면, 중학교 2학년 때부터 고등학교 1학년 때까지 사춘기였는데 그때 책을 제일 많이 읽었어요. 하루에 열 권씩! 중학교 2학년 겨울방학 때인가 종로도서관에서 서울 시내 학교마다 대표를 세 명씩 뽑아서 독서 캠프를 했어요.

한 달 동안 오전 9시부터 오후 6시까지 매일 책 읽고 독후감 쓰고 발표하고 토론하고. 그때 문학 퀴즈대회도 했었는데, 그 대회를 준비하면서 전 세계 고전문학의 제목, 줄거리, 등장인물 등을 외워서 우리 학교가 1등을 했어요.

솔직히 말하면, 그때 머릿속에 여러 작품을 나름대로 구조화해서 기억해둔 걸 아직 써먹고 있어요. 가끔 읽지 않은 책에 대해 그럴듯하게 얘기하는 것도 그 일 덕분이고요. 사실 처음 몇 달은 꿈도 꾸고 그랬어요. 내가 한창 어떤 작품을 놓고서 얘기하는데, 친구들이 '너 그 책 안 읽었지?' 하고서 나를 추궁하는 꿈. (웃음)

이권우　　결국, 자기 자랑인데. (웃음) 그런 점에서 이명현은 정말 늙었네. 그렇게 어릴 때부터 온갖 지식을 구조화해서 머릿속에 넣어놓았다면서 〈유 퀴즈 온 더 블럭〉 퀴즈도 틀리고.

강양구　　천문학자가 홍대용을 몰라서. (웃음)

이명현　　그때는 자신 있게 틀리기로 결심했었어요. 문제를 듣는 순간에 '홍' 자밖에 생각이 안 나더라고요. (웃음) 사실, 이 이야기를 말하고 싶었던 거예요. 홍대용이 생각 안난 데에서 알 수 있듯이 몇 년 전부터 뇌가 바뀌고 있어요. 그렇게 시시콜콜한 구체적인 내용까지 머릿속에서 잘 끄집어내던 내가 어느 순간부터 기억 안 나는 게 많아졌어요.

정재승　　그게 언제부터예요?

이명현　한 50대 중반부터. 55세쯤?

정재승　55세면 늦게 온 건데요.

강양구　다른 두 선생님은 어떠세요?

이권우　나는 요즘 들어 그래요.

이정모　나도 최근 1~2년 사이.

강양구　선생님들은 정말 뇌가 건강하시네. 나는 지금 40대부터 그런데.

이명현　한 4~5년 전까지는 강의할 때도 사람 이름, 연도, 사건 같은 게 착착 연결되어서 바로바로 튀어나왔어요. 그런데 이제 헷갈려요. 홍대용처럼 머릿속에 맴돌긴 하는데 나오지 않아요. 처음에는 당황했는데 이게 꼭 실망할 일은 아니더라고요. 그런 구체적인 정보를 기억하지 못하는 대신에 여러 정보를 통합해서 요령 있게 이야기하는 일은 나아지는 듯해요.

이정모　그러니까 이명현 선생님처럼 씨줄과 날줄을 엮으면서 자기만의 독서 체험을 해야 했는데, 나는 그럴 기회를 누리지 못했어요. 어렸을 때 우리 집에는 책이 딱 열네 권 있었어요. 국어사전 한 권과 열세 권짜리 백과사전 전집. 아버지께서 어디선가 국어사전, 백과사전은 대학 들어갈 때까지 본다, 이런 얘길 듣고서 구입하신 거였죠.

그래서 동생과 맨날 그 책만 들여다봤어요. ㄱ부터 ㅎ까지 단어별로 정리되어 있잖아요. 그런 사전을 읽어서 얻는 정보라는 게 개별 항목에 대한 지식이에요. 아무리 읽어도 이 지식들이 서로 엮이지 않는 거예요. 그렇다고 그걸 엮어서 설명해주는 어른이 있었던 것도 아니고. 그러니까 읽어도 읽어도 맥락에 맞춤해서 구조화되어서 쌓이지 않는 거죠.

강양구　어떤 게 중요한 정보이고, 어떤 게 사소한 정보인지….

이정모　전혀요. 지금도 생각나는 충격적인 일화가 있어

이정모

"결국 개별 정보는 사라지고
연결점만 또렷하게
머릿속에 남아 있어요."

요. 중학교에 입학해서 음악 교과서를 봤더니 거기에 영어로 '클래식'이 쓰여 있어요. 내가 "이 클래식이 베토벤 음악 같은 거예요?" 하고 물었더니, 선생님께서 "아, 정모는 클래식을 아네" 하면서 반가워하더라고요. 알긴 뭘 알아요. 진실은 이래요.

나는 클래식이 코린트식, 이오니아식 하듯이 '클래' 뒤에 '-식'이 붙은 건 줄 알았어요. (웃음) 책을 읽을 때 건축 양식에는 코린트식, 이오니아식 등이 있다고 설명해주고, 서양 고전 음악을 클래식이라고도 부른다고 일러줬더라면 헷갈릴 일이 없었을 텐데. 혼자서 사전만 읽었으니 그게 될 리가 없었죠.

이명현　　그래서 요즘엔 내가 챗GPT 같다는 생각도 해요. (웃음) 머릿속에 있는 이런저런 정보를 짜깁기해서 그럴듯한 이야기를 만들 수가 있어요. 좋게 해석하면 평생 머릿속에 담은 정보를 하나하나 끄집어내는 능력은 60대가 되면서 떨어졌지만, 대신 그걸 연결하는 능력은 나아진 셈이죠. 그걸 노년의 지혜라고 포장할 수도 있겠죠.

하지만, 돌이켜보면 그렇게 연결해서 내놓은 결과물이 창의적이기보다는 구태의연해요. 어디선가 들어본 듯한 그런 이야기…. 아, 어느 순간에는 입을 닫자, 생각하죠.

이정모　비슷해요. 결국 개별 정보는 사라지고 연결점만 또렷하게 머릿속에 남아 있어요. 처음에는 조바심이 났죠. 하지만 지금은 걱정 안 해요. 연결점을 놓고서 나머지는 찾아보면 되니까요. 지금은 개별 정보를 일일이 머릿속에 담아두려고 노력하지 않습니다. 이것도 나이 들면서 생긴 뇌의 변화일까요.

이권우　나는 좀 더 극단적으로 생각해요. 내 뇌에서 책 읽은 부분을 빼놓고는 이미 쇠퇴가 심각하게 시작된 것 같아요. 생각해봐요. 내가 민첩성이 있겠어요, 순발력이 있겠어요, 또 반짝이는 아이디어를 내놓겠어요. 그냥 책을 읽은 덕분에 발달된 부분만 근근이 유지되는가 싶죠.

메탈리카의 음악이 아름답게 들리는 이유

정재승　그럼, 뇌의 개별 기능을 한번 점검해볼까요. 사실 뇌는 시간에 따라 발달과 성장, 성숙과 퇴화의 변화 과정이 매우 보편적으로 정해져 있는 신체 기관입니다. 용한 걸 먹는다고 해서 저 순서가 뒤바뀌진 않죠. 인간의 기대수명이 80세를 넘어서면서 호모 사피엔스가 지구상에서 이렇게 대규모로 오래 살았던 경험이 없어서, 과학자들에게도 나이별 기능 변화는 매우 흥미로운 연구주제입니다. 제가 오늘 세 분의 뇌를 좀 들여다볼게요. 우선 감각은 어떠세요? 기능들이 예전만 한가요?

이명현　다 떨어졌죠.

이권우　엉망진창이죠.

정재승　맛이 예전만큼 안 느껴지고 그러세요?

이명현　글쎄요. 어렸을 때는 맛있는 것보다는 많이 먹는 것, 재미있게 먹는 것에 집착했어요. 그런데 요즘에는 맛있는 것에 오히려 집착해요. 왜냐하면 심장이 안 좋아서 술도 안 마시다가 아주 가끔 입에 대요. 한 달에 한 번 정도 와인

한두 잔을 마시는데, 그때 정말 소중하게 음미하면서 마시거든요. 그러니까 기왕이면 맛있는 걸로 먹자 싶은 거죠. 삼겹살 구이 같은 것도 그렇고.

음악도 마찬가지예요. 메탈리카 같은 데스메탈 장르 음악을 듣는 걸 좋아했어요. 그때는 쨍하는 음악을 고통스러워하면서 즐겼거든요. 그런데 요즘은 예전에 듣던 메탈리카 음악이 정말 아름답게 들려요.

정재승　　원래 나이 들면 고주파수를 못 들어요. (웃음)

이명현　　아, 그래서 메탈리카 음악이 아름답게 들리는 거구나. (웃음)

이정모　　내가 평상시에는 아주 온화하고 이해심이 깊은 사람이잖아요. 그런데 기차, 버스, 전철을 탔을 때 사람들이 소곤소곤 전화하고 얘기하는 소리가 그렇게 귀에 거슬려요.

정재승　　원래 나이 들면 저주파수는 잘 들려요. (웃음)

이정모　　아, 그래서 내가 기차만 타면 그렇게 예민한 사람이 되는 거였구나.

강양구　　소셜미디어에 보면 기차 탔는데 옆좌석 승객 소곤거리는 소리가 듣기 싫다고 투덜거리는 분들 있거든요. 그런데 모두 50~60대예요. 어르신이 왜 이러나, 했는데. 노화! (웃음)

이정모　　또 당황스러운 일은 옆좌석 소곤거리는 소리가 들려서 힘든데, 정작 큰 소리, 그러니까 하차 안내 방송은 안 들려요. 그래서 내릴 곳을 놓치고요.

강양구　　아이고!

이명현　　나이 들면서 그런 감각의 변화가 불가피하죠. 그걸 불만스럽게 생각하기보다는 자연스럽게 받아들이게 된 것도 중요한 변화겠네요. 나는 사람과의 관계에서도 강력한 화학 결합 같은 자극을 즐겼거든요. 그런데 지금은 그런 자극적인 관계보다 오히려 편안한 쪽을 선호하게 되었어요.

이권우   나는 인간관계는 정리하고 있어요. 예전에는 어떤 사람이 실망스러운 행동을 하면 일단 참고, 판단을 유보하고, 나아가 바뀌겠지 하는 가능성을 포기하지 않았어요. 그런데 요즘에는 미련이랄까 그런 게 없어지더라고요. 정치적 사안이든, 개인적인 인연이든 근본적인 차이가 보여 불편해지면 관계를 정리하는 쪽이에요. 좀 위험할 수 있는데, 사람은 바뀌지 않는다는 통념에 동의하는 셈이라고나 할까요.

정재승   그 이유가 뭔가요? 남은 시간이 제한돼 있어서 이 소중한 시간을 그런 사람한테 쓰고 싶지 않은 건가요?

이권우   그런 게 분명히 있어요. 나한테는 아주 큰 변화죠. 나의 장점 가운데 하나가 풍요로운 인간관계였는데, 지금은 그 풍요로움보다 단출함을 선호하게 되었으니까요.

관계의 엔지니어링이 필요할 때

강양구   그럼, 감정 조절은 어떠세요? 흔히 어른이 되면

품이 넓어져서 관대해지고 인자해진다, 이런 말이 있잖아요. 그런데 실제로는 나이 들수록 역정이 심해지고 옹졸해지는 사례를 보게 되는데요.

정재승　궁금해요. 60대가 되면 감정 조절을 더 잘하고 더 너그러워지나요?

이정모　옹졸해지죠. 옛날에는 어떤 사람이 실망스러운 모습을 보여도 '쟤를 사람 만들어야지' 이런 게 있었어요. 요즘은 '어휴, 그냥 다 끊어버리자' 이래요.

강양구　아니, 저는 왜 안 끊고 남겨졌을까요? (웃음)

이권우　우리가 아직 너그러움이 아주 조금 남아 있나 보지. (웃음)

이정모　일단 나의 세계가 꽉 찼어요. 내 세계가 이미 꽉 꽉 차 있어서 인간관계든 뭐든 더는 넓히기 어렵다, 이런 걸 내가 알게 된 거예요.

그런데도 우리는 어쨌든 항상 새로운 관계를 추구하잖아
요. 뭔가를 받으려면 뭔가를 덜어내야죠. 덜어내려니 주변
에 있는 사람 가운데 나한테 부담이 되는 사람들, 유쾌하지
않은 사람들, 다음에 내 관점에서 사회에 악이 되는 사람들.
그런 사람들을 덜어내는 거예요.

정재승　　톨레랑스 같은 포용성, 역지사지, 이런 마음이 더
생기진 않아요?

강양구　　아까 단서가 되는 말씀을 하셨잖아요. 이미 꽉 차
있어서. 새로운 게 비집고 들어오기 어렵다는.

정재승　　책을 많이 읽어서 누구보다 포용성이 높은 세 분
이 그런 말씀을 해주시니 좀 놀랍네요. 다르면 불편해서 배
제하게 되는 건가요?

이정모　　그날그날 달라요. 강연 요청만 해도 그래요. 어떤
때는 내가 그걸 어떻게 해, 짜증 나서 못해! 그랬다가 한 30분
후에는 더 말도 안 되는 제안을 받았는데, 호쾌하게 한다고

해요. 원칙이 없다, 자신이 이렇게 느껴요. 왜 이렇게 그때
그때 감정에 쉽게 좌지우지되는지 그 이유는 모르겠어요.

이권우　　이게 따져보면 아이러니가 있어요. 인간관계에서
도 이미 내가 정해놓은 선 안으로 들어오지 못하거나 경계
에 있는 사람에게는 아주 까다롭고 엄격해요. 그러다 수가
틀리면 버리고. 그런데 정작 내 선 안으로 들어온 사람에게
는 굉장히 너그러워져요. 웬만하면 좋게 봐주려고 하고요.

이정모　　맞아요. 학연, 지연, 혈연에 대한 집착도 강해져요.

이권우　　혈연부터 시작해서 이미 신뢰가 형성되어 있는
사람들까지가 그 한계라고나 할까요.

이명현　　그래서 나는 여전히 관계를 엔지니어링하려고 노
력해요. 내가 옳고 그름을 주도적으로 판단하기 어려운 이
슈가 있어요. 평소 내가 신뢰를 기반으로 관계 맺는 사람이
한 10명 있다고 쳐요. 그럼, 그 10명이 그 이슈를 놓고서 이
러쿵저러쿵 이야기할 것 아니에요. 예를 들어 강양구 기자

가 뭐라고 얘기해요.

그런데 요즘 강 기자가 하고 다니는 일이 관계를 끊을 정도는 아닌데 평소보다 마음에 들지 않아요. 그럼 애초 1.0이었던 점수를 0.8로 깎아서 그 이슈를 강 기자 방식으로 접근하는 데에 불이익을 주는 거죠. 그렇게 여러 사람의 의견을 내 감정적인 보정까지 해서 종합해보면 특정 사안을 놓고서 나의 견해를 만들 수가 있죠.

나이가 들어도 타협할 수 없는 것

정재승   제일 궁금한 거, '신념의 체계는 더 강화되나요? 아니면 옳다고 믿었던 게 흔들립니까?' 혹은 '평소에는 거들떠보지 않았던 저들의 신념까지도 이해가 되나요?'

이정모   무너지죠. 60년 살아보면 내가 가졌던 신념이 흔들리죠.

정재승   그럼, 포용성도 늘어나겠네요?

이정모　아니요. 포용성이 늘어나는 게 아니라, 내가 가진 신념의 강고함이 사라지는 거예요.

이권우　이게 세대의 문제도 있어요. 우리는 1980년대 초반에 대학에 다녔던 전형적인 386 세대잖아요. 명징한 절대악이 있고, 그것에 대항하면서 우리 정체성을 만들었잖아요. 그러니 그 절대악의 연장선은 절대로 받아들이지 못해요. 그건 우리 세대를 만든 정체성 자체를 부정하는 것이니까요.

이명현　타협할 수 없는 대목이 있죠. 우리 부모 세대 가운데는 6·25 세대, 4·19 세대 이렇잖아요. 그때 형성된 정체성을 부정할 수 없죠. 우리도 그렇게 자기정체성을 지키는 거예요. 5월 광주가 우리 세대에게는 그렇죠. 그런데 그걸 우리는 아주 중요한 정체성이라고 생각하지만 아래 세대가 보면 우리 윗세대가 6·25 전쟁 떠드는 거랑 똑같은 거거든요.

이권우　아니에요. 이건 중요한 문제인데요. 우리 부모 세대는 오로지 6·25 전쟁밖에 얘기 안 했어요. 그런데 우리는 어마어마해. 광주 항쟁, 전두환 독재, 민주화, 외환위기와 IMF 구제 금융.

이정모   리먼브라더스 사태와 세계 금융위기.

이권우   그다음에 코로나 팬데믹까지 있었잖아요. 우리 부모 세대는 고작 한국사적인 문제를 경험했지만 우리는 세계사적인 모든 문제를 나름대로 겪어왔어요. 우리 세대가 이래 봬도 20세기와 21세기를 같이 산 사람이에요. 그래서 나는 우리가 아버지 세대의 '꼰대'와는 다르다고 봐요.

이명현   오히려 그래서 더한 꼰대가 되지 않을까요?

이권우   아니요. 정치적 권력, 경제적 권력을 잡고 또 그 이익을 따지는 우리 세대는 그런 꼰대가 되었겠죠. 하지만 특히 문화적이고 인문적인 인식 틀을 가지고 있는 우리 세대는 절대로 아버지와 같은 꼰대는 안 될 거라는 믿음이 있어요. 나는 내 세대에 대한, 권력을 갖지 않은 내 세대에 대한 믿음이 있어요. 우리 세대는 절대로 그렇게 타협하지 않아요.

       살아 보니, 지능

이권우

강양구　　정재승 선생님은 어떠세요? 정 선생님은 이념 세대가 아니잖아요. 하지만, 50대의 기성세대가 되었고, 기득권이 없다고 말도 못하는 처지고요.

정재승　　사실 저는 저를 포함해서 우리 1970년대생이 되게 부끄럽다고 생각하는 사람이에요. 1960년대생은 민주화를 이루고 한 시대의 주인이 됐는데, 1970년대생은 1960년대생에게 인정받기 위해 애쓰고 편입하려는 이들과, 그걸 벗어나서 아예 문화 엔터 스포츠 쪽으로 나간 이들로 갈라져요. 예를 들어, 70년대생은 정치적 리더가 없습니다. 대부분 60년대생에게 인정받기 위해서 그들을 뒷받침하기만 했지, 어떤 새로운 정치적 변화도 모색하지 않았어요.
정치적 리더는 윗세대를 부정하고 맞서 싸우면서 탄생하는 것인데, 우리는 그러지 못했던 거죠. 60년대생들은 우리 사회의 민주화를 이루었지만 그들의 삶은 결코 민주적이지 않았어요. 가정에서나 조직에서나 누구보다도 가부장적이었고 권위주의적이었죠. 거기에 맞서지 못한 것이 70년대생으로서 가장 부끄러운 지점이에요.

이정모　　저절로 세상이 바뀌지 않아요. 우리가 밀려났어야 하는데, 밀림을 당하지 못한 게 아쉬워요. 과거로부터 자유로운 다음 세대가 새로운 세상을 주도했다면 체제와 함께 문화도 바뀌었을 텐데 말이죠.

나는 개인적으로 권력을 가지지는 않았어요. 하지만 우리 세대는 권력을 가졌어요. 정치적 권력, 경제적 권력도 누릴 건 다 누렸고, 힘들었던 부모 세대와 비교하면 말도 안 되게 편하게 살고 있죠.

그런데 지금의 20대 중후반에서 30대 중후반까지는 절대로 자기 부모보다 잘살 수 없다고 보는 게 현실적인 판단이에요. 물론 우리나라만의 문제는 아니고 전 세계, 특히 미국, 유럽, 일본 같은 선진 자본주의 사회는 똑같은 상황이에요. 그런 모습을 보면 부끄러워요. 결국 우리 세대의 책임이니까요.

내가 이 얘기를 아내한테 했더니 어이없어하더군요. '당신이 도대체 얼마나 성공했기에?' 이건 개인의 문제가 아니라 우리 세대, 한국 사회 전체의 문제니까요.

강양구　　사실 이정모 선생님은 누가 봐도 성공한 60년대생 세대의 구성원 가운데 한 명이죠. (웃음)

이권우   이정모 선생님은 그래도 여수 대기업에 다니는 아버지가 계셨잖아요. 내 삶을 보면 한국 사회가 경제적으로 성장한 모습을 알 수 있어요. 나는 대학교 2학년(1983년) 때까지도 단칸방에 살았어요. 객관적으로 보면, 대학을 졸업할 수 없는 상황이었는데 진짜 운이 좋아서 겨우 졸업했어요. 그랬던 내가 지금은 수도권 외곽이지만 집을 소유하고 있잖아요.

강양구   딸아이는 상속녀 되는 거잖아요. (웃음)

이권우   그렇지요. 그래서 걔가 중학교 때 자기 별명을 상속녀라고 했어요. 물론 아내는 절대 안 남겨 준다고, 다 쓰고 죽을 거라고 하지만요. (웃음)

이명현   두 선생님 이야기에 공감해요. 그런데 또 기성세대, 그러니까 60년대생이 이런 얘기 할 때마다 못된 심보도 발동해요. 자기 먹을 것 다 먹고 이제 배부르다 싶으니까 자기 탓하면서 다음 세대 생각해주는 척하는 것 같아서요. 실제로 양보할 생각은 전혀 없으면서. 그러니 결국은 다음 세대가 빼앗아야 해요. 물론 세상이 더 나은 방향이 될지는 또 다른 문제고.

정재승　세 분의 뇌 기능 점검으로 시작해서 '나이가 들어 타인에 대한 포용성이 늘어났는가' 하는 질문으로 이어지다, 결국 세대론까지 토론하게 됐네요. 〈알쓸신잡〉 같아요. 〈알쓸신잡〉 때도 보면 대본이 없다 보니 이야기가 항상 산으로 가는데, 항상 통찰은 산에서 터집니다. 너무 즐거운 대화입니다. 결론은 '다음 세대여, 윗세대와 맞서 싸워 쟁취하라!'

함께 권력을 빼앗을 동지를 만나라

정재승　그럼 잠시 다음 세대에 대해 논의해볼까요? 지금의 20대를 생각하면 어떠세요? 세 분 선생님의 자녀들 말입니다. 사실 그 세대는 지금 굉장히 힘들어요. 기회가 제대로 주어진 적이 없어 절망 속에서 하루하루를 보내는 젊은이들도 많아요. 그들에게 과연 희망이 있을까요? 우리가 그들에게 희망적인 사회, 국가, 지구를 물려줄 수 있을까요?

강양구, 이권우

이권우   우리 자녀가 딱 그 세대입니다. 기성세대에게 덤벼라! 이렇게 외치고 싶어요. 기성세대가 절대로 기득권을 순순히 내놓지는 않을 테니까 덤벼서 빼앗아보라고요. 개인적으로 덤벼봤자 소용없고, 문화적으로 한계가 있고, 정치를 통해서 빼앗아라!

이정모   나는 나서서 줄 생각이 없어요. 우리 애들한테는 주겠죠. 하지만 세대와 세대 사이의 권력 이동은 그런 식으로는 이루어지지 않아요. 다음 세대가 힘을 키워서 빼앗아야죠. 만약 그때가 되면 저항 없이 권력을 내놓을 준비가 되어 있어요. 이권우 선생님과 똑같이 그렇게 조언하고 싶은데, 현실은 쉽지 않죠.

결국 우리가 잘못했죠. 계속 세대 안에서 경쟁을 자극했어요. 그래서 그들이 연대해서 윗세대로부터 권력을 빼앗도록 해야 하는데 자기들끼리 싸우도록 판을 짰어요. 일단 그들이 자기 세대 구성원이 경쟁자가 아니라는 걸 알았으면 좋겠어요. 함께 권력을 빼앗을 동지라고 말해주고 싶어요.

이권우   이게 중요해요. 기성세대가 그냥 내주면 자녀들이 우리를 원망해요. 내 딸만 해도 내 건데 왜 그걸 공적으로 다음 세대 전체에게 내놓느냐고 항변할지도 모르잖아요. 그런데 다음 세대가 정치권력을 잡고 나서 공적으로 기성세대의 것을 빼앗으면 그런 얘기가 나오지 않겠죠. 그러니 세대 간 권력 이동이 반드시 공적으로 이루어져야 해요.

이정모 누가 들으면 '저 사람 뺏길 것이 있나 보다' 하겠어요. (웃음)

강양구 왜요? 이권우 선생님 딸은 상속녀라니까요. (웃음)

정재승 이정모 선생님 말씀 들으니까 조금 부끄럽네요. 다음 세대 안에서 계층 간, 성별 간 갈등을 부추긴 건 사실 우리 기성세대들이죠. 그들이 적대적이지 않고 서로 협력하고 연대할 수 있도록 도와주고, 그 세대를 대표하는 정치적 리더가 성장할 수 있도록 환경을 조성해줘야 하는데 그러지 못했죠. 지금이라도 그들이 서로 협력하고 연대할 수 있는 토대를 만들어줘야 하는데, 심지어 우리가 물려 준 건 그들끼리 경쟁하는 것으로도 모자라서 인공지능하고도 싸

워야 하는 현실이니 어쩌면 좋죠?

이권우   안타까워 죽겠어요. 정말 어떻게 해야 해요?

정재승   고령화 사회에서 사실 그들이 생산 가능 인구잖아요. 그들의 노동 덕분에 우리가 연금도 받을 수 있고요.

이권우   우리가 일찍 죽어줘야지. (웃음) 안락사를 지지합니다. 난 정했어요. 75세!

이정모   난 70세예요.

정재승   70세요? 이제 얼마 안 남았어요.

이명현   60년대생 개척적이잖아요. 동아리 활동할 때도 선배들 뿌리치고 우리가 조직했고요. 그래서 우리 세대 천문학자들끼리는 농담으로 이런 얘기를 해요. 이 세대를 다 모아서 일론 머스크와 함께 화성으로 이주시키면 개척을 엄청나게 잘할 거라고. (웃음)

이권우   농담이 아니에요. 어떤 정치권력도 우리 세대를 못 건드려요. 우리 연금 빼앗으려고 하면 우리 세대가 또 그 악스럽게 단결해서 자기 밥그릇 지킬 거야. 그런데 사실 우리 세대더러 민주화를 위해서 헌신하라고 아무도 안 가르쳤어요. 우리가 스스로 한 것이고, 또 해냈잖아요. 그게 우리 세대의 힘이죠.

정재승   만약 제가 20대라고 머릿속으로 상상해보면, 저는 윗세대를 아주 원망하고 적대적으로 여길 것 같아요. 10대 때는 아주 무책임하게 경쟁주의에 빠뜨려놓고, 사회에 나오니 창의적인 성취물을 만들어내라고 요구하고 있잖아요. 교육은 이전 시대보다 더한 줄 세우기를 해놓고서 세상이 달라졌다면서 타박하고 있잖아요. 모두의 머릿속에 똑같은 것들을 입력해놓고 출력값이 다르길 기대하는 윗세대에 대한 존경과 존중은 없죠.

이정모   나는 거기서부터 시작점이 되리라 생각해요.

강양구   항상 각 세대는 그 세대만의 과제가 있잖아요. 이제 앞으로의 과제는 다음 세대가 해결해야 할 몫이고. 우리는 응원하고 또 필요하면 도와야죠. 다음 세대랑 연대하면서요.

재부팅을 위한 시간

정재승   우리 분위기 바꿔봐요. (웃음) 다시 개별 뇌 기능 점검으로 돌아가 보죠. 잠은 어떠세요? 불편 없이 주무세요?

이명현   나는 너무 잘 자요.

이정모   나도 잘 자요.

정재승   정말이요? 수면에 어려움이 없나요? 비결이 뭐죠? 반신욕 같은 건가요?

이명현   잠이 줄긴 했죠. 옛날에는 보통 12시간 잤거든요. 지금은 10시간. (웃음)

정재승　　괜한 분한테 질문했네요. (웃음)

이명현　　나는 누우면 5분 안에 자요. 물론 달라진 게 있긴 해요. 옛날에는 졸릴 때까지 안 자고 있다가 졸리면 자서 중간에 한 번도 안 깼어요. 오랫동안 자유로운 영혼으로 살아서요. 그런데 요즘에는 일정이 많아지다 보니까 알람을 맞춰서 깨야 하고, 그렇게 바쁘게 산 게 최근 한 6~7년 사이의 일이네요.

강양구　　이명현 선생님도 일반적인 케이스는 아니죠. 오랫동안 전파 천문학자로 활동하면서 천문대에서 밤낮이 바뀐 불규칙적인 생활을 했잖아요.

이명현　　그렇죠. 그래도 아직 자는 건 어려움이 없어요.

정재승　　평소 일상에서 스트레스가 없으세요? (웃음)

이명현　　스트레스 많다니까요. (웃음) 애초 밤낮이 바뀐 불규칙한 생활을 오랫동안 하면서 심신의 진폭을 줄이는 연습을 한 것도 스트레스를 금세 풀면서 잘 자는 이유 중 하나예요. 조금 있다 얘기하겠지만, 명상의 도움도 받고요. 분노와 스트레스는 당연히 있죠. 그걸 어떻게 해소하느냐가 중요한 문제 같아요.

이권우   나는 일단 자주 걷고 산에 가고. 그게 숙면에 도움이 됩니다.

정재승   세 분 선생님 말씀을 듣고 보니 더욱 궁금해졌어요. 현대인의 가장 심각한 정신건강 적신호는 스트레스 증가와 수면의 질 저하입니다. 60년을 사신 분들께 여쭙겠습니다. 60년쯤 살면 스트레스를 감당할 수 있는 능력이 생깁니까?

이정모   60세 전에 생기죠.

이권우   자기만의 방법을 찾게 되죠.

이명현   그건 사람마다 달라요. 우리 셋은 그나마 자기만의 스트레스 관리법을 찾은 경우고요. 또래 친구 가운데는 지금까지 그러지 못해서 점점 폭발하는 일도 있어요. 극단적인 사례지만 술 마시다가 술을 한 잔 가득 안 채우고 반 잔만 따랐다고 화를 내는 경우도 봤어요. 그렇게 사소한 일에 분노를 느끼는 60대가 한둘이 아닐 거예요.

강양구   세 분이 사회적 성취가 있어서, 그러니까 또래 가운데서도 기득권을 가지고 있어서 스트레스 관리가 될 수도 있잖아요?

이정모   그럴 수 있겠네요. 일이 잘 풀리는 사람이 너그러운 척할 수도 있으니까요. 나는 자고 나면 잊어버리고 새로 출발해요. 리셋 후에 재부팅. 낮에 기분 나쁜 일도 있고 그렇잖아요. 그런데 자고 나면 모두 용서됩니다.

이권우   그럼, 정모 관장은 낮에도 자요. (웃음)

밀도 높은 관계 속에서 더 작은 역할을

정재승　　사실 세 분은 사회성이 누구보다 탁월한 분들입니다. 일반적인 사람과 비교했을 때 만나는 사람의 범위도 넓고 직업군도 다양합니다. 60세가 되면 사회성에 어떤 변화가 생기나요?

이권우　　사실 나는 그동안 살면서 만든 소셜네트워크에 아주 감사하고 있어요. 소셜네트워크가 없는 친구를 보면서 더욱더 그래요. 그 친구가 나보다 경제적 여유도 많을 수 있고, 사회적 명성, 정치적 권력을 누렸을 수도 있지만, 지금 내가 느끼는 풍요로운 인간관계는 없잖아요. 나이가 들수록 이 소셜네트워크가 중요하더라고요.

이 소셜네트워크가 내가 잘해서만 형성된 게 아니죠. 상대방이 나를 받아줘서 이루어진 관계고, 서로 노력했기에 유지되는 거잖아요. 감사한 마음이 들어요. 셋이 이렇게 돌아다니면서, 다른 둘에게도 감사하고 또 이런 희한한 이벤트를 재미있어하면서 행사를 기꺼이 열어준 분에게도 감사하고.

사실 나이 들면서 많이 느끼는 감정이 약간의 우울감이에
요. 그런데 그 우울감보다 더 큰 게 감사함입니다. 그래서
나는 우울증에 안 빠질 것 같아요.

이정모 우울감은 있는데 우울증은 아니라고요?

이권우 마라톤할 때 육체적으로 고통스럽지만, 달릴 때
의 쾌락이 그걸 상쇄하잖아요.

정재승 나이 들면서 찾아오는 우울감을 감사라는 아편으
로 극복하는 건가요? (웃음)

이권우 정확해요. (웃음)

강양구 세 분은 요즘은 제일 친한 사이 아니세요?

이정모 지금은 그렇죠. (웃음)

정재승 세 분의 우정이 언제까지 지속될지도 관전 포인

트네요. (웃음) 그나저나 선생님 같은 분들은 60대로 접어들면서 소셜네트워크를 단출하고 단단하게 하고 싶은 욕망과는 별개로 사회적 지위는 높아지고 덩달아 중요한 역할을 맡을 기회도 늘어나잖아요. 그런 모순적 상황에 어떻게 적응하고 계시는가요?

이명현　　　내가 딱 그런 경우인데 굉장히 안 좋아요. 예를 들어 지금 내가 열 가지 직책을 맡고 있는데 그 가운데 진짜 관심 있고 잘할 수 있는 건 둘, 셋 정도거든요. 사실 그것도 많은 거죠. 그런데 마땅히 하겠다는 사람도 없고, 특히 이정모 선생님 같은 적임자는 자기는 자유롭게 살고 싶다면서 안 맡으니 자꾸 내가 떠맡는 거예요.

나한테는 안 좋은 일이고 나아가서는 내가 직책을 맡고 있는 그 조직에도 도움이 안 되겠죠. 사회 전체적으로 봐도 60년대생이 나처럼 여러 가지를 손에 쥐고 있으면 결국 한국 사회의 권력이 다음 세대에게 넘어가지 않겠죠. 70세가 될 때까지 60년대생이 지배하는 건 얼마나 끔찍해요. 그래서 60세를 기점으로 한번 정리해야겠다 마음먹고 있어요.

이정모　　내가 소속되어 있는 여러 모임과 조직이 있잖아요. 나는 일단 모임에는 안 나가요. 어떤 직책도 맡지 않고 있고. 나도 60세가 되면서 다짐했어요. 모임이나 조직을 정리하기로. 일단은 돈만 내요. 지금은 후원을 끊으면 어려워질 수도 있으니까요. 그러다 어느 순간에는 돈도 내지 않고 사라져야죠.

대신 요즘은 가족, 지역 이쪽에서 노인이 할 수 있는 일이 무엇인지 고민합니다. 아직 자신이 노인이라고 생각하지는 않지만, 재레드 다이아몬드가 《어제까지의 세계》(김영사, 2013)에서 제안했던 노인의 역할에 공감해요. 손자 손녀를 돌보는 일이야말로 우리 시대 노인이 해야 할 일이라고.

강양구　　첫 번째 역할이라고 강조했죠.

이정모　　그런데 손주가 없어! 그러니까 내 손주가 아니면 동네 손주를 돌보면 되죠. 이렇게 지역사회에서 내 역할을 찾는 것, 사회관계를 나와 물리적으로 가까운 곳으로 좁혀 나가는 것. 이런 시도를 해보고 싶어요.

"60세가 넘으면 큰 조직에서
큰 역할을 맡기보다는
더 작은 역할을
더 밀도 있게 맡아야 해요."

이권우　　최근 김포 도서관에서 두 시간짜리 글쓰기 수업을 했어요. 어떤 분이 청중으로 올까 궁금했는데 근처 아파트에 사는 노인분들이 찾아왔더라고요. 아주 긴 시간을 가르쳐야 쓰기를 할 수 있는 분들한테 두 시간 특강으로는 한계가 있더라고요.

그래서 부담 없이 엉뚱한 이야기만 늘어놓았어요. 그때 이렇게 얘기했습니다. "오후 시간에 도서관 특강을 신청하신 분들이라면 책을 좋아하고 또 많이 읽으실 겁니다. 그럼 앞으로 도서관에서 여러 프로그램에 참여하시면서 꼭 자원봉사를 하십시오. 특히 다음 세대, 우리 아이들이 책 읽는 사람이 될 수 있도록 돕는 역할을 해야 합니다."

네, 맞아요. 방금 이정모 선생님이 언급한 다이아몬드의 주장을 염두에 두고서 했던 말이죠. 여기 셋이 손주한테 책 읽으라고 하면 잔소리로 들릴 수가 있겠죠. 그래서 서로 손주를 교환해서 돌본다는 마음으로 도서관에서 어린아이를 책 좋아하는 동네 노인 여럿이 돌보면 정말 멋진 일일 것 같아요.

이명현　　60세가 넘으면 큰 조직에서 큰 역할을 맡기보다는 작은 역할을 더 밀도 있게 맡아야 해요. 예를 들어 지금 나는 '과학책방 갈다'의 대표잖아요. 그런데 대표는 기회가 되면 후배에게 넘겨야죠. 대신 나는 지금도 하고 있지만, 갈다에서 만든 독서 모임에 들어가서 함께 책을 읽고 토론하는 일을 해야죠.

강양구　젊은 리더의 조언자는 어때요? 그런 역할은 할 수 있고 또 해야 하지 않을까요?

정재승　다음 세대가 조언을 구할 때 응해야지. 먼저 조언하겠다 나서면 안 돼! (웃음)

이권우　그럼 꼰대가 되는 거지!

이정모　그런데 최근 몇 년간 흔히 말하는 젊은이가 여러분에게 조언을 구한 적이 있어요? 나는 없어요.

이권우　나도 없어요.

이명현　나만 있네. (웃음)

강양구　내가 물어봐드려요? (웃음)

정재승　내가 하고 싶은 사회적 역할과 사회가 요구하는 사회적 책무가 서로 달라서 생기는 괴리감을 어떻게 극복할 것인가 하는 것도 환갑을 준비하는 50대들이 미리 숙고해야 할 고민이겠네요.

여러분의 글쓰기는 안녕한가요?

정재승　세 분이 경험한 60세의 변화된 뇌 이야기는 이쯤에서 마무리하려고 해요. 분위기를 전환해서, 글쓰기의 효율에 대한 질문을 드려보고 싶어요. 예전에는 이렇게 생각했어요. '지금은 학교 일로 너무 바쁘지만, 나이가 들면 글이나 써야지'라고요. 저는 50대, 60대 선배들이 그동안 자신이 축적해 온 엄청난 지혜를 왜 책으로 안 내는지 이해가 안 됐어요. 저는 나이 들면 논문과 책만 쓸 것 같은데 왜 선배들은 그러지 않지, 이런 게 불만이었거든요.

그런데 제가 50대가 되어보니 그 이유를 알겠더라고요. 일단 눈이 침침해져서 읽기가 힘들어요. 논문이나 책을 예전만큼 많이 읽지 못하겠어요. 그래서 읽는 양이 줄었어요. 더군다나 글을 쓰는 건 더욱 힘들더라고요. 50대인 저도 이런 걸 느끼고 있는데, 수십 년을 읽고 써온 세 선생님은 어떻습니까? 여러분의 글쓰기는 안녕한가요? (웃음)

이정모 글을 쓸 시간이 없어요. 글을 쓰려면 주변이 정리되고 집중할 수 있어야 하잖아요. 그런데 집중할 수 있는 시간이 너무나 적어요. 특히 국립과천과학관장으로 있을 때 최악이었어요. 과천과학관이 아주 큰 조직이잖아요. 관장이 되기 전에는 시스템으로 움직이는 이런 큰 조직에서 관장이 할 일이 뭐가 있겠어? 좋은 방에서 비서의 도움을 받으면서 글이나 써야지, 이렇게 생각했죠. 그런데 정말 잠시도 쉴 틈이 없어요. 계속해서 들어오고, 물어보고, 전화하고, 회의하고, 외부 행사 방문하고. 아! 월급은 그냥 주는 게 아니구나, 며칠도 안 돼서 깨달았죠. 상황이 그러니 글쓰기에 집중할 시간이 없었죠.

강양구　　그래도 그 와중에 책도 내고, 칼럼도 쓰고, 추천사도 쓰고. 엄청난 생산성을 자랑하셨던 걸로 알고 있는데요?

이정모　　맞아요. 정말 조금씩 짬 날 때마다 쓴 글들이에요. 예전 같으면 그 정도 시간으로는 못 썼을 거예요. 왜냐하면 자료 찾고 공부하고 심사숙고해서 글을 쓸 만한 시간은 아니니까. 그래서 욕심을 버리고 지금까지 공부하고 고민하고 정리했던 내용을 풀어내는 데에 집중했죠. 숫자 같은 건 일단 글을 쓰고 나서 확인해서 채워 넣으면 되니까요. 그런데 나중에 결과물을 보면 그렇게 나쁘지도 않아요. 나이가 들수록 어깨에 힘이 빠져서 그래요. 불후의 명작을 남기겠다, 이런 욕심을 버리고 내가 할 수 있는 만큼만 성과를 내겠다, 이런 마음가짐으로 글을 써요. 그게 오히려 독자에게는 부담 없이 다가간 것 같기도 하고요.

정재승　　글 쓰는 스타일도 달라졌겠네요?

이정모　　달라졌죠. 자꾸 이야기하듯이 썼어요. 구어체와 문어체의 구분이 없어졌어요.

정재승　할아버지네. 내가 너희들에게 옛날얘기를 들려줄 게~ (웃음)

이정모　맞아요. 그런 느낌. 그게 훨씬 편하고. 그냥 이 글이나 책을 읽는 독자를 옆에 두고 수다 떨 듯이 쓰니까 나도 부담 없이 속도감 있게 생산할 수 있었겠죠.

정재승　가르치려는 태도는 줄어듭니까? 주변을 관찰해 보면, 나이가 60이 넘어가면 가르치려는 태도는 점점 늘어나는 것 같던데.

이정모　가르치려는 태도는 일찌감치 포기했죠. 사실 60대가 되면 더 가르치려 할 것 같지만, 전혀요. 왜냐하면 젊은 사람이 훨씬 많이 알아요.

정재승　지식을 현학적으로 자랑하려는 태도도 줄어듭니까?

이정모　나는 확실히 그래요. 그런데 나한테 그런 게 너무

없어요. 무식쟁이처럼 보일까 봐서 걱정이야. (웃음)

이권우   솔직히 말하면, 책 읽을 때 현학적인 저자를 비웃게 돼요. 헛된 글쓰기를 하고 있구나, 하면서요.

이정모   그게 잘못일 수도 있어요. 저자 딴에는 열심히 공부한 걸 풀어낸 걸 테니까. 그런데 그게 긍정적으로 보이기보다는 왜 이렇게 힘을 줬어, 하게 되더라고요.

이권우   그래도 새로운 정보가 있으니까 읽긴 읽죠. 하지만 조금만 힘을 빼면 훨씬 독자에게 다가갈 텐데, 하면서 고쳐주고 싶은 마음이 들죠.

정재승   경지에 다다르신 것 같아요. 젊은이들의 지식 자랑이 헛된 것임을 깨닫고 웃고 계신 거죠. 앞에서 이정모 선생님도 잠깐 언급하셨는데, 걸작을 쓰고 싶다는 욕망도 사라지나요? 그러면 안 되는데.

이정모   나는 걸작을 쓰겠다는 생각을 일찌감치 버렸어요. (웃음) 그걸 버려서 예순이 넘어서까지 글을 쓸 수 있는 거예요. 일찌감치 걸작을 썼던 사람이면 당연히 예순이 넘어도 걸작을 쓸 수 있겠지요. 그런데 예순 전에도 걸작을 못 썼던 사람이 갑자기 걸작을 쓸 수 있을 리가 없잖아요.

강양구　왜요. 사례가 있어요. 내가 좋아하는 프랑스 작가 피에르 르메트르도 1951년생인데 만 55세에 데뷔해서 62세에 공쿠르상을 받았다고요!

이정모　나는 글렀어요. 그런 걸작에 집착하면 인생이 괴로울 것 같아요. 일찌감치 나는 절대로 불후의 명작을 쓰지 않겠다, 이렇게 결심했어요. 그러고 나서 자기만족을 해요. 내가 불후의 명작을 안 쓰는 건 능력이 없어서가 아니라 나의 의지고 철학이다, 이래야 마음이 편해지고 글도 잘 써져요.

정재승　두 분은 어떠세요?

이명현　중·고등학교 문예부 할 때야 촌철살인의 글을 쓰겠다, 맨날 이렇게 말하고 다녔죠. 그러다 10대 때 사춘기의 화두 가운데 하나가 사라지는 것, 죽음이었어요. 그것 때문인지 지금도 나는 체념의 정서가 정체성의 밑바닥에 깔려 있어요. 모든 게 유한하다는 걸 받아들였죠. 그래서일까요. 내 글쓰기에도 그런 태도가 있어요.

글도 마감 안에 나와야 하잖아요. 아무리 노력해도 무엇인가 부족한 구석이 있겠죠. 그리고 그 글이 독자에게 가닿는 과정에서 또 소통의 손실이 있겠죠. 다행히 내 생각이 글을 통해서 독자에게 조금이라도 가닿으면 다행이지만, 그렇지 않아도 어쩔 수 없다고 생각해요. 그래서 내 글쓰기 방식이 그래요. '나는 이렇게 생각하는데 당신은 어떠세요?' 이러니 불후의 명작 이런 것에 집착할 리가 없죠. 그래서 책 쓰기가 힘들어요. 일단 집필에 집중할 시간이 없고, (심장이) 아프고 나서는 계속해서 집중할 체력도 떨어지고. 오죽하면, 계약한 출판사에서 하도 원고를 안 주니까 호텔을 잡아주고 거기다 며칠 집어넣고 원고를 받기 시작하더라고요. (웃음) 다행히 그렇게 호텔에 갇혀서 쓴 원고는 마무리되고 있어요.

강양구　　출판사 입장에서는 비용이 많이 드는 작가인 거죠. (웃음)

이권우　　내가 냈던 첫 번째 책이 《어느 게으름뱅이의 책읽기》(2001)였어요. 그걸 다른 출판사에서 개정판을 내자고 해서 뺄 것 빼고 새로 쓸 것 써서 《고전 한 책 깊이 읽기》(우리학교, 2019)로 다시 냈어요. 많이 나가지는 않지만 3쇄까지 찍었으니까 출판사에 폐는 안 끼친 셈이죠.
《책읽기의 달인 호모 부커스》(2008)는 내가 개정판을 쓰고 싶어서 절판하고 새로 작업해서 냈어요. 《책읽기의 달인 호모 부커스》(오도스, 2022). 사실상 대다수 책이 결국 절판되잖아요. 그런데 나는 2001년과 2008년에 냈던 책 두 권이 지금까지 살아 있어요. 그것만으로도 만족해요. 여기다 새 책을 얹는다는 욕심이 사라졌어요.
내가 도서평론가로 활동하기 시작할 때가 마침 사회적으로 책 읽기에 운동성이 강화된 시점이었어요. 물론 나대로 주어진 역할에 최선을 다했지만, 내가 그만큼 영향력을 가질 수 있었던 건 내 능력이라기보다는 당시의 책 읽기, 도서관을 강조한 사회적 맥락이 중요했죠.

당연히 지금은 그때와는 상황이 달라졌고, 한국 사회에서 책의 시대는 종말했죠. 그래서 나의 사회적 소명도 끝났어요. 나는 여기 두 선생님보다 이 사실을 일찌감치 깨달았죠. 이런 상황에서도 그 시절 내가 노력해서 펴냈던 책이 아직 살아 있는 것만으로도 다행입니다.

강양구　애틋한 마음이 들면서 세 선생님을 응원하고 싶은데요. 생각해보세요. 나는 불후의 명작을 써야겠다, 이렇게 마음먹는다고 오랫동안 사랑받는, 또 좋은 평가를 받는 명작이 나오나요. 그냥 각자가 쓴 글이나 책이 자기의 운명대로 명작이 되기도 하고 잊히기도 하죠. 그러니, 여전히 세 분의 작업 결과물 가운데 불후의 명작이 나올 가능성은 있다고 생각해요.

60세의 눈으로 본 오늘날의 책

정재승　그렇다면 타인의 작품에 대한 평가는 어떻게 변하던가요? 30대, 40대 때랑 한번 비교해주세요. 책을 읽으며 '우와! 진짜 잘 썼다', '이 책 정말 좋다' 이렇게 반응하는 경우는 예전에 비해 점점 줄어들었나요, 늘었나요?

이명현　엄청나게 늘었어요. 왜냐하면 옛날에 내가 봤던 책들은 엉터리가 많아서요. 그때 내가 흥분하고 좋아했던 책을 지금 보면 한심해요. 폄훼할 생각은 없지만, 과도하게 기대하고 몰입했죠.

정재승　젊은 시절에 열광했던 저자와 이렇게 서서히 결별하는 것은 충분히 이해돼요. 그만큼 내 지적 역량이 늘어난 것일 수도 있고, 시야가 넓어졌을 수도 있고요. 젊은 시절 열광했던 저자들보다 내가 더 빠르게 성장하고 성숙하고 있다는 의미이기도 하겠죠. 그럼, 60세의 눈으로 신간을 보면 어떤가요? 요즘 젊은 작가들의 글쓰기를 어떻게 평가하세요?

이명현　기본적으로 글쓰기가 탄탄해졌다는 느낌이에요. 그래서 우열을 가리기가 힘들어요. 요즘 가수 오디션 프로그램을 보면, 다들 너무 잘하잖아요. 마찬가지예요. 요즘 나오는 신간을 보면 일단 한번 놀라요. 글을 아주 잘 써서요.

그건 이제 기본이고요. 그다음에 내용과 구성으로 승부를 봐야 하는데, 이 대목에서도 평균 이상이 많아요.

강양구　최근에 인상적으로 읽은 과학 저자가 있어요?

이명현　과천과학관 학예사 선생님 여럿이 쓴《2023 미래 과학 트렌드》(위즈덤하우스, 2022)가 인상적이었어요. 공저자 대부분이 이 책이 처음이에요. 그런데 자기가 맡은 주제를 놓고서 아주 균형 있게 잘 쓴 거예요. 게다가 저마다 자신만의 문체와 스타일이 있더라고요. 미래 과학 저자의 예고편을 보는 것 같아서 설렜죠.

이정모　사실 평균만 놓고 보면 옛날이나 지금이나 똑같을 거예요. 이렇게 많은 책이 쏟아지는데 당연히 좋은 책이 있으면 나쁜 책도 있겠죠. 우리는 아무래도 좋은 책을 선별해서 보니까, 상대적으로 좋은 책이 많아졌다고 느끼는 것일 테죠. 이런 전제를 염두에 두고서 얘기해보면, 일찍 태어나길 잘했다, 이렇게 생각해요.
내가 10년만 늦게 태어났어도 작가로서 살기는 어려웠겠어요. 이정모 최고의 경쟁력은 일찍 태어난 거예요. 그런 점에서 나는 정말 운이 좋았어요. 여기 정재승 선생님, 강양구 기자도 있지만, 그 아랫세대는 좋은 책을 쓰는 저자가 더 많아요. 매번 신간을 읽을 때마다 놀랍습니다.

이명현 한국 소설도 마찬가지예요. 이번에 최진영의 단편을 오랜만에 읽었어요. 〈홈 스위트 홈〉. 물론 상을 받은 작품이긴 하지만, 한국 소설도 좋아졌다는 느낌이에요.

이권우 나는 그건 반대입니다. 나는 전반적으로 한국 문학은 흉작이라고 생각해요. 그러다 보니 좋은 작품 몇 편이 더욱더 돋보이는 거고요.

강양구 여기서 두 분의 의견이 갈리네요. 이권우 선생님께서 조금만 덧붙여주세요.

이권우 한국 소설 쪽은 정말 황폐해졌어요. 영상화 욕심이 중요한 원인 같아요. 사실 이해는 갑니다. 영상의 힘이 세고, 영상화되었을 때 판매에 직접적인 영향을 주니까요.

더구나 영상 미학에 뜻을 두고 시나리오 작업 같은 걸 하다가 소설을 발표하는 쪽으로 넘어오기도 하잖아요. 소설 미학의 잣대로 판단하면 아쉬울 수밖에 없겠죠.

하지만 바로 그렇기에 나는 문학성에서, 그리고 소설 미학의 관점에서 요즘 소설이 앞선 소설을 따라가기는 어렵다고 생각해요. 사실 전쟁과 혁명을 겪고 나서야 문학이 위대해진다고 하잖아요. 이렇게 한국 문학이 황폐해진 것은 한국 사회가 인간 존재의 근원을 뒤흔들 만한 시련을 벗어난 지 오래된 탓도 있겠죠.

이정모　요즘 대다수 소설가는 영상화를 염두에 두고 쓰지 않아요?

강양구　아니요. 그렇지는 않아요. 정말 좋은 작품인데 영상화가 어려운 경우도 많다고 들었어요.

이권우　역설적으로 그래서 한국 문학의 부흥기는 안 오는 게 나아요. 한국이 전쟁과 혁명 또 그에 준하는 아픔을 겪어서는 안 되니까요.

이정모　　2015년에 노벨 문학상을 받은 스베틀라나 알렉시예비치의 《전쟁은 여자의 얼굴을 하지 않았다》(문학동네, 2015)가 생각나네요.

정재승　　한국 문학의 현실을 바라보는 관점이 서로 달라서 무척 흥미롭네요. 이렇게 평가가 갈라지는 데에는 '60세가 되면서 타인의 책을 대하는 태도가 달라졌다'는 점도 영향을 미친 것 같아 더욱 흥미롭습니다.

이권우　　일단 문학에서 굉장한 충격을 주는 작가가 안 나타나니까 답답해서 말이 많았어요. (웃음)

강양구　　영상 미학과 소설 미학 언급하셨잖아요? 이권우 선생님께서 요즘 젊은 작가랑 소통이 안 되는 것 아닐까요? (웃음)

이권우　　아니요. 나를 포함한 우리 세대는 1990년대 포스트모던 문학 열풍을 한번 겪었잖아요. 그래서 상대적으로 새로운 시도에 너그러워요. 그런 점을 염두에 두더라도, 최근 한국 문학 작품에서 높이 평가할 만한 게 안 보여서 답답하죠.

정재승　흥미롭네요. 그간 좋은 작품을 워낙 많이 읽어서 요즘 나오는 작품이 평범하다 느끼는 것일 수도 있겠다는 생각이 들어서요. 그렇다면, 책을 읽을수록 빛나는 책을 더 많이 발견하도록 인도하나요, 아니면 한 60년 동안 다양한 책을 읽었더니 웬만한 책으로는 이제 더 이상 감흥을 받지 못하는지, 어느 쪽인지 궁금합니다.

이명현　나는 그래도 갈수록 좋은 책들을 더 많이 발견하게 된다는 데 한 표예요. 나이 들면서 커다란 충격을 원하기보다는 작은 기쁨을 느낄 줄 알고 만족할 줄 알게 되어서 그런 것 같아요.

이정모　나는 주로 과학 책의 예이긴 하지만, 신인 작가의 책을 읽으면서도 깜짝깜짝 놀라거든요. 정말 많이 알고, 어려운 내용을 잘 설명하고, 흥미를 계속 유지할 수 있게 해나간다는 점이 정말 잘 썼다고 느끼게 해요. 나는 그런 점에서 편집자들도 뛰어나다고 생각해요. 초보 작가가 처음부터 그렇게 잘 쓰진 않을 거 아니에요. 그 부족한 부분들을 잘 엮을 수 있게 저자와 편집자가 협업을 잘하는구나, 생각이 들었죠.

이권우 여기서 고전이 등장하죠. 물론 신간도 읽지만, 앞에서 얘기한 한국 문학에 대한 불만족 등이 이유가 되어서 자꾸 고전으로 눈을 돌리게 돼요.

강양구 나는 요즘 청소년들에게 강연할 때 이렇게 말해요. 고전은 할아버지 할머니 되어서 읽는 책이란다. 그러니 너희는 재미도 없고 이해도 안 되는 고전 읽기에 집착할 필요가 없단다. (웃음)

2부

AI 시대의 지능

"인간에게 요구되는
    유일한 능력은 이것 같아요.
    '인터넷에 없는 생각을 해!'"

정재승   세 분은 활자 시대에 태어나 영상과 인터넷 시대를 거쳐 인공지능(AI) 시대에 환갑을 맞이했습니다. 지난 35만 년 동안 호모 사피엔스가 지구상에 존재한 이래, 가장 급격한 사회적 변화를 경험한 사람들이 바로 대한민국에서 20세기와 21세기를 겪은 사람들인데요. 상상조차 힘든 인공지능 시대를 환갑의 나이로 어떻게 적응해 살아가실 계획인지 들어보려 합니다.

먼저 세 분의 기술 친화도를 측정해보고 싶습니다. 제가 짧고 빠르게 질문들을 던져볼게요. 첫 번째 질문입니다. 인공지능 스피커는 가지고 있나요?

이정모   네이버 클로바 씁니다. 방마다 있어요.

이명현   KT에서 받은 지니가 있는데, 안 써요.

이권우   TV 켤 때만 "지니야 TV 켜줘" 하죠.

정재승   오늘 날씨는 어떻게 확인하세요?

이권우   나는 아직 그냥 스마트폰으로.

이정모   나는 아내한테 "오늘 날씨 어때?" 하고 물으면 아내가 클로바한테 물어보죠.

이명현   예전에는 스마트폰을 켜서 날씨를 확인했어요. 그런데 요즘에는 지하 주차장에 자동차를 두니까 날씨를 따로 확인하지 않아요. 자동차 안에도 우산을 놓고 다니거든요.

이정모   나는 그래도 날씨를 중요하게 생각해요. 아내와의 대화 가운데 10퍼센트가 날씨 얘기예요.

이권우　　날씨 말고 다른 이야기는 안 해요? (웃음)

이정모　　보통 일상생활에서는 말할 이유가 없어요. 그러니까 가장 큰 문제가 뭐냐면, 모든 가정의 문제일 것 같은데, 넷플릭스와 책이 가족 간의 대화를 없애버려요. 침대에 누우면 아내는 넷플릭스를 켜요. 거실에 있을 때는 책을 보고 있어. 그러니까 둘이 얘기할 것도 없고, 그럴 시간도 없어요.

강양구　　넷플릭스 드라마나 책을 가지고 서로 이야기할 수 있잖아요.

일동　　서로 같은 드라마를 안 보는 거지…. (웃음)

무엇을 보고, 무엇을 읽는가

정재승　　TV를 얼마나 보세요? 그러니까 일단 집에 오면 TV부터 켜나요?

이권우　　나는 드라마를 잘 안 봐요.

이명현　　나는 켜요. 거실에 가면 일단 소파에 누워요. 쉬어야 하니까. 누우면서 TV를 켜요. 첫 화면이 보통 999번. 편성표를 보고서 재방송하는 드라마가 있으면 그 채널로 돌려놓고, 그다음에 노트북을 켜요. 노트북으로는 글을 쓰거나 이메일을 확인하고, 옆에 있는 아이패드로는 유튜브를 재생하고, 스마트폰으로는 페이스북을 봐요.

TV는 계속 켜져 있고, 작은 스피커로 음악을 틀어놔요. 이렇게 여러 가지가 한꺼번에 돌아가고 책은 여기 두 권이 쌓여 있고. 보통 그렇게 하면서 노트북을 보다가, TV 드라마를 흘깃 보는데 재미있어 보이면 그냥 드라마에 눈길을 돌려요. 그러니까 정주행하는 게 아니고 눈에 걸리면 보는 거죠. 그래서 일단 드라마를 많이 보긴 보죠. (웃음)

이권우　　나는 아내 은퇴하고 나서부터는 아침에 일어나서 같이 식사하고 커피 마시고 설거지하고 나오거든요. 다 하면 한 시간 반 정도 걸려요. 그때 스마트TV를 켜면, 방송 채널이 아니라 유튜브 화면을 켜요. 유튜브로 음악을 듣거나,

우리가 보고 싶은 전문가가 출연하는 채널과 영상을 보죠. 한동안 내가 유튜브에서 재미있는 국악 콘텐츠를 발견해서 주야장천 그것만 봤어요. 광주MBC에서 만든 유튜브 콘텐츠였는데, 덕분에 우리 국악에 대한 지식이 엄청나게 쌓였어요. 요즘 들어서 이렇게 책이 아닌 유튜브 콘텐츠로 새로운 지식을 접하는 일이 많아졌어요. 활자 매체만 강조하면 안 되는 시대가 되었어요.

정재승 맞습니다. 격하게 공감합니다.

이권우 특히 자막이 중요해요. 민요든 판소리든, 특히 판소리는 처음에는 안 들려요. 그런데 자막이 나와서 판소리 내용이 파악되니까 재밌는 거예요. 한 달 정도를 국악 콘텐츠만 보다가 아내한테 거의 탄핵당할 뻔했어요. 그런데 덕분에 아내도 곁다리로 지식이 많이 늘어나서 같이 아침밥 먹으면서 국악 얘기를 많이 해요.

정재승 드라마는 거의 안 보고요?

이권우   TV로 본방 사수를 한 적은 거의 없어요. 넷플릭스로 보다가 한국 순위에 오르는 거 챙겨 보는 정도죠. 아내가 즐겨 보는 드라마를 곁눈질로 보고요.

정재승   세 분 중에 만화를 즐겨보는 분은 계시는가요?

이권우   내가 만화광이잖아요. 만화는 애니메이션으로 보죠. 일본 애니메이션 올라오는 것 정도만.

정재승   웹툰은 안 보세요?

이권우   그건 안 봐요.

정재승   웹소설은요?

이권우   안 봐요. 웹소설까지는 아직. 나는 본격문학을 전공한 사람이잖아요. (웃음)

정재승   맞네요. (웃음) 그러면 이명현 선생님은 어때요?

이명현　　나는 아까 말한 대로 온갖 드라마를 다 봐요. 어떤 건 8회만, 어떤 건 7회만, 이런 식으로 보죠. 그러다가 주로 연휴 때 넷플릭스나 티빙 들어가서 한 30편 정도를 뽑아요. 그동안 봐뒀던 것 가운데 선별해서요. 그래서 정주행하는 게 아니라, 1회만 30편을 쭉 봐요. 그다음에 2회만 쭉 보고.

정재승　　와~ 창의적인 드라마 시청법이네요. 나중에 줄거리가 헷갈리진 않나요? (웃음)

이정모　　뭐야! 변태야? (웃음)

이명현　　어느 순간부터 이야기를 따라서 몰아 보면서 감정이입하는 재미가 없어졌어요. 대신 평론하고 분석하는 재미가 있는 거예요. 구성도 살펴보고, 드라마를 비교하면서 캐릭터를 바꾸기도 하고, 배우를 가상으로 캐스팅해보기도 하면서 봐요. 나는 웹툰이나 웹소설도 정주행하는 건 하나도 없고, 훑는 식으로 봐요.

정재승　　그런데 웹소설은 내용이 확확 바뀌어서 띄엄띄엄

볼 수가 없어요. 내용 파악이 안 돼요.

이명현　웹소설을 내용 파악하려고 보는 게 아니라서 그래요. 내용을 따라가면서 감정을 이입하고 그런 게 아니라, 이런 게 요즘 유행이네, 하는 거죠.

정재승　뉴스는 주로 어떻게 접하세요?

이명현　뉴스는 안 봐요.

정재승　아예? 8시 뉴스, 9시 뉴스를 안 보세요?

이명현　그건 안 본 지 오래됐고, 신문도 안 본 지 오래됐고, 포털사이트 뉴스도 안 본 지 오래됐고요. 그러니까 내 정보통은 페이스북이에요. 페이스북에서 올라오는 것을 보고 관심 있으면 찾아봐요.

이권우　강양구 기자 계정 보면 알 수 있잖아요. (웃음)

강양구　나도 요즘에 뉴스 거의 안 올리는데요. (웃음)

이권우　한동안 열심히 올렸잖아요. 나도 신문은 보고 있는데….

정재승　구독해서요?

이권우　네, 받아보고 있는데 안 읽게 되더라고요. 대신 인터넷으로 주요 뉴스만 챙겨 봐요. TV 뉴스도 거의 보지 않아요. 워낙 편향되어 있고 단편적이어서 더 관심이 안 가요.

정재승　그러면 시사 잡지는요?

이권우　이제는 시사지도 안 보죠.

정재승　이정모 선생님은 어떠세요?

이정모　나는 TV를 본 게… 박근혜 대통령이 당선된 날인 2012년 12월 19일 오후 9시부터 TV를 안 봐요. 그다음부터

TV를 보지 않기로 결심했어요. "TV 안 보겠다!"

정재승　공무원이 그래도 됩니까? (일동 웃음)

이정모　그러고서는 문재인 대통령이 취임하고 나서, 아내가 이제는 봐도 되지 않냐고 했는데, 갑자기 문재인 대통령이 취임했다고 TV를 보는 건 스스로가 너무 옹졸해 보여서 계속 안 보고 있었죠. 그래도 세상 사는 데 아무런 문제가 없어요.

TV 드라마는 〈선덕여왕〉(2009)이 마지막이었어요. 나랑 이권우 선생님이 안양대학교 교수 할 때야. 다음에 본 드라마는 넷플릭스 〈오징어 게임〉(2021), 그다음에 〈수리남〉(2022) 정도를 봤어요. 정말 궁금한 게 뭐냐면, 페이스북 보면 이종필 박사도 마찬가지고 드라마 본 거를 올리잖아요. 저 바쁜 분들이 드라마는 언제 본다는 거야? 정말 궁금해요. '어떻게 그 드라마를 다 따라가고 있지?' 일단 TV를 안 보니까 방송 뉴스도 안 보는 거고요.

정재승　1.2배나 1.5배 속도로 보시는 분도 있나요?

이권우　　그러진 않아요.

이명현　　나는 넷플릭스나 티빙에 올라온 SF 드라마는 그렇게 봐요.

이정모　　다큐멘터리 볼 때는 1.5배로 봐요. 그렇게 보면 집중이 잘되더라고요. 나도 만화는 좋아해요. 나는 만화를 책으로 사서 봐요. 아내가 처음에는 되게 힘들어했죠. 만화책 사는 데에 돈을 너무 많이 썼나 봐요. 요즘은 돈 많이 버니까 그냥 만화 봐도 뭐라고 안 하는데, 돈 많이 안 벌 때는….

그러니까 총량이 있는 것 같아요. 어릴 때 모범생이어서 만화방도 안 가봤어요. 만화방 처음 간 게 대학교 때예요. 그것도 어디 지방에 데모하러 갔는데 못 올라오고 잘 데가 없으니까 만화방에서 잔 정도였죠. 만화는 주로 일본 만화를 보죠. 사서 모아놓으면 뿌듯해요. 특히 고야마 주야의 《우주 형제》.

드라마는 정말 중요하다고 생각해요. 상상력도 키워주고, 스토리라인도 대단하고. 어느 날부터 페이스북에서 한국 드라마 얘기를 하도 많이 들으니까 안 봐도 대충 줄거리는 다 아는 것 같아요. 그래서 안 보게 됐던 것 같아요. 최근에 TV를 샀어요. 35인치! 정말 초대형을 샀는데.

정재승   35인치가 왜 초대형이에요? (웃음)

이권우   이참에 물어보자. 강양구 기자는 그렇게 바쁜데 드라마를 언제 봐요?

강양구   정말로 거짓말 안 하고 잠 안 자고 봐요. 아무래도 나는 이야기 중독인가 봐요. 끊임없이 새로운 이야기를 갈구하는. (웃음)

이권우   하루에 한 시간 정도를 드라마를 위해서 투자하는 거예요?

강양구   그런 건 아니에요. 그냥 꽂힌 드라마가 있으면 잠도 안 자고 정주행하는 편이에요.

이권우　　매번 보는구나.

이정모　　옛날 TV는 14인치였잖아요. 아내랑 사귈 때. 이제는 형편이 나아졌으니 세 배쯤 큰 걸 사야지, 그래서 35인치 사라고 했어요.

강양구　　내 컴퓨터 모니터가 32인치인데. (일동 웃음)

이정모　　침대에 등을 딱 대고 TV를 봐요. 그런데 자막이 안 보이는 거야!

정재승　　안 보이죠. 35인치는 너무 작아요.

강양구　　그래서 나이가 들수록 큰 화면이 필요한 거예요.

이정모　　결국 침대 발판에 의자를 갖다 놓고 앉아서 봐요. 불편해! 그래서 안 보게 돼요.

강양구　　정재승 선생님, 이건 디바이스 문제인데요? (웃

음) 이정모 선생님도 화면이 더 큰 TV를 샀으면 드라마광이 되었을 수도 있어요!

이정모 　더구나 리모컨을 잃어버렸어요. 지금 리모컨이 어디 있는지 몰라서 TV를 못 틀고 있어요. 그런데 TV가 없어도 정말 사는 데 문제가 없어요.

그러니까 내가 뉴스를 안 봐도 세상 뉴스를 모르냐, 아닌 것 같아요. 페이스북이 정말 좋은 게 뭐냐면, 우리가 〈네이처〉 일일이 찾아볼 수 없잖아요. 각 분야 전문가가 중요한 논문들을 선별해서 올려줘요. 나중에 그것만 찾아보면 되잖아요. 뉴스도 그런 식으로 세상 돌아가는 이야기는 대충 다 알 수 있어요.

나는 유튜브도 안 봤을 거예요. 유튜브를 언제 처음 봤냐면, 국립과천과학관 관장으로 부임한 후에 코로나 때문에 아무것도 못하고 있으니까 유튜브라도 하자고 해서, 우리 과학관 유튜브하느라고 보게 됐어요. 그런데 유튜브 콘텐츠가 정말 좋아요. 이상한 것도 있겠지만, 사람들이 정말 성심성의껏 짧은 시간 안에 정보를 잘 정리해주더군요.

생성형 AI와의 공존

정재승   그럼, 정보 검색은 어떻게 하세요?

이정모   나는 구글을 써요. 강연할 때 한 고등학생이 되게 유치한 질문을 했어요. 그래서 "야 이런 걸 왜 나한테 물어보느냐? 이런 건 나한테 물어보지 마. 다들 핸드폰 꺼내. 지금부터 검색하는 거야"라고 했더니, 애들이 다 구글이나 네이버 열 줄 알았는데 다 유튜브를 여는 거예요. 내가 깜짝 놀랐어. 검색을 유튜브로 하는구나.

이명현   그러니까 나만 해도 구글 스칼라 학술 검색을 하거든요. 그런데 유튜브 검색이 유용할 때도 있더라고요. 요즘에는 조금씩 유튜브 검색량이 늘었어요.

이권우   나는 마이크로소프트 '빙(Bing)' 써요.

정재승   진짜요? 챗GPT 때문인가요?

이권우　'빙'을 쓰면 검색 결과와 챗봇의 대답이 함께 나오잖아요. 양쪽을 비교해서 보니까 도움이 돼요. 챗GPT는 이정모 선생님이 유료 회원이죠. 그런데 내 기준에서 보자면 챗GPT가 인문적인 질문에 관한 답변은 신통치 않아요. 앞으로 더 나아질지 지켜보고 있어요. 그래서 일단 '빙'으로 맛보기만 하는 중이에요.

정재승　그래서 최근(2023년 4월 기준) 빙 사용자가 30퍼센트 늘었어요. 그게 가능한 게, 이전에 빙의 전체 검색 점유율이 고작 3퍼센트였어요. (웃음) 최근 챗GPT 덕분에 검색 점유율이 4퍼센트로 늘면서 전체적으로 무려 30퍼센트 이상 증가를 보였다고 하더라고요.

이권우　빙 챗봇의 좋은 점 하나가 정보의 출처를 명시해주잖아요.

강양구　챗GPT도 출처를 명시해달라고 지시하면 달아줘요.

이권우　그래요? 그것도 귀찮잖아요. (웃음) "이권우가 누구야?" 물어보니 답을 열심히 해줘요. 살펴보면, 인터넷 서점의 정보를 인용한 거였어요. 그 출처를 밝혀주면 좋잖아요.

이정모　다들 자기 이름 물어봤나 보네. 나는 아직 안 해봤는데, 오늘 가서 해야지.

이권우　나는 좋았어요. 30대 때 다니던 직장을 아직도 다니는 걸로 나와요. (일동 웃음)

정재승　다들 챗GPT는 써보셨어요?

이명현　재미로 쓰고 있죠.

이권우　이정모 관장이랑 나는 챗GPT가 나오는 걸 보고서, 일찍 태어나서 감사하다는 얘기를 나눴어요.

이정모　집에 있는 TV는 35인치지만 PC 모니터는 40인치예요. 노트북이랑 모니터를 연결해서, 노트북 화면의 반을 나눠서 왼쪽은 (유료 버전인) GPT-4를 켜놓고, 오른쪽은 딥엘(DeepL)을 켜놓고 있어요. 원래 인터넷 창의 첫 화면은 항상 구글이었어요. 그런데 요즘에는 구글 대신 챗GPT를 검색용으로 사용해요. 나한테 필요한 걸 챗GPT가 훨씬 잘 찾아줘요.

따지고 보면, 구글도 마찬가지였어요. 구글도 잘 쓰는 사람이 있고, 못 쓰는 사람이 있었어요. 좋은 검색어를 입력해야 맞춤한 정보를 내놓잖아요. 그런데 구글은 검색 결과가 나오면 그 창을 열어보고 또 좋은 정보를 찾는 번거로움이 있었어요. 그런데 챗GPT는 질문만 잘 던지면 그 검색 결과를 정리해서 알려주잖아요. 그게 나는 좋더라고요.

원래 챗GPT에 연간 500달러까지 쓸 수 있다, 마음먹었어요. 그런데 1년에 240달러야! 안 쓸 이유가 없죠.

정재승   좋죠? 이제 시작이에요. (일동 웃음) 점점 가격이 올라갈 겁니다. 아마 프리미엄 서비스도 생길 거예요.

이권우   이런 순진한 사람!

이정모　　일단 500달러까지는 올라도 쓸 거야. 챗GPT 쓰고 나서 생산성이 올라갔어요. 물론 다음 세대를 생각하면 걱정이 됩니다. 하지만 그건 또 다른 문제이고, 나의 삶은 챗GPT 덕분에 풍족해졌어요.

이권우　　여기서 우리가 정재승 선생님께 물어볼게요. 챗GPT 같은 생성형 AI는 왜 나온 거예요?

정재승　　환갑 어르신들 괴롭히려고요. (웃음) 사실 생성형 AI가 이렇게까지 잘할 줄은 심지어 연구자나 일반 개발자조차도 몰랐어요. 저도 자연어 처리 분야 전문가가 아니어서인지, GPT-4의 성능을 보고 '와!' 했어요. 언어 모델, 그러니까 문장 속에 들어갈 단어들의 적합도를 확률로 서술하는 모델이 대규모 데이터를 학습하면서 놀라운 성능을 발휘하고 있는 형국입니다. 그 덕분에 이제 단어들을 넣으면 관련 웹사이트를 추천해주는 검색의 시대를 넘어, 주관식으로 물어보면 서술형으로 대답해주는 인공지능 시대가 온 거죠.

강양구　사실 AI 자체가 1980년대부터 2000년대 초까지 오랫동안 침체기였죠.

정재승　특히 자연어 처리는 그 가운데서도 진전이 느렸어요. 문법에 집착하지 않고 구글이 개발한 트랜스포머(transformer) 모델을 사용하면서 비약적인 발전을 하게 된 것 같아요. 무엇보다 제가 크게 놀랐던 건 번역기가 갑자기 비약적으로 훌륭해진 순간이었어요.

강양구　딥엘(DeepL)! 너무 훌륭하죠.

정재승　예전에는 번역기에 문법을 가르치려고 애썼어요. 그런데 현재의 AI 번역기는 근본적으로 달라요. 인터넷상에는 우리가 생각할 수 있는 모든 문장들이 존재해요. 한영 번역을 '한글로 된 문장을 대규모 데이터 중 가장 적합한 영어 문장을 찾는 매칭 문제'로 파악하는 순간, 대규모 데이터로 학습한 번역기는 성능이 좋아질 수밖에 없습니다. 그때부터 자연어 처리 분야에서도 혁명이 일어날 수 있겠다 싶었죠.

강양구 2017년 5월 29일에 이화여자대학교 통번역대학원에서 정영목 교수님 초대로 하게 된 강연과 대담 때 정재승 선생님의 말씀이 화제가 되었었죠. 당시 구글 번역기가 제대로 작동하지도 않던 시절에 번역의 미래에 대해 비관적이고 충격적인 전망을 통번역대학원 학생들에게 들려주었으니까요.

정재승 맞아요. 그때만 해도, 제가 인공지능이 번역기를 얼마나 훌륭한 수준으로 바꾸어놓을 것인가에 대해 얘기했을 때 다들 반신반의하면서 들었었죠. 하지만 통번역대학원 학생들이 그날 제 강연을 듣고 다들 저녁에 술을 무진장 마셨다는 얘기는 전해 들었습니다. (웃음)

이권우 그때 정재승 선생님이 했던 말이 아직도 기억이 나요. 사람이 가진 번역의 능력치가 100퍼센트야. 그런데 AI 번역기의 능력치는 90퍼센트야. 100퍼센트 능력을 발휘할 수 있는 인간에게 돈을 줘야 하고, 90퍼센트 능력의 AI 번역기가 무료라면 당신은 무엇을 쓸 거냐? 그때 청중 300명이 모두 공포에 질려서….

정재승   맞습니다. '인공지능 번역기가 언제쯤 인간 번역가의 번역을 따라잡을 것인가?'는 어쩌면 중요한 질문이 아닐지도 몰라요. 더 중요한 질문은 '인공지능 번역기가 언제쯤 매우 만족스럽게 쓸만한 수준이 될 것인가?'입니다. 인공지능 번역기는 엄청나게 빠르게, 마감도 잘 지키면서, 게다가 무료로 번역을 할 것이기 때문에 '쓸만한 수준'이 되는 순간 인간은 경쟁력을 잃을 겁니다. 저는 몇 년 안에 '이어폰만 끼면 각자가 편한 언어로 말을 걸어도 상대방이 원하는 언어로 들리는' 놀라운 장치들이 세상에 쏟아져 나올 거라고 추측합니다.

강양구   요즘 개인적으로 재미를 붙인 게, 내가 쓴 글 가운데 마음에 든 글을 영역해요.

정재승   아니, 무슨 야심으로? (웃음) 퓰리처상이나 노벨문학상에 도전하나요?

강양구   물론 내가 직접 영역하는 건 아니고요. (웃음) 딥엘로 한번 초벌 번역하고 나서, 그 결과물을 다시 챗GPT에게 미국 표준 영어로, 〈뉴요커〉 스타일로, 〈뉴욕타임스〉 스타일로, 심지어 빌 브라이슨 스타일로 바꿔보라고 지시한 다음에 그 결과물을 비교해보는 거예요. 이 일에 아주 재미를 붙였어요. 개인적인 취향으로는 〈뉴요커〉 스타일이 마음에 들더라고요.

정재승   오, 상당히 문학적인데요!

강양구   그렇게 〈뉴요커〉 스타일 등으로 바꾸고 나서 그 결과물 몇 편을 추려서 미국에서 성장하고 대학과 대학원도 나오고 나서 한국에서 취업한 우리 회사(TBS) 영어 기자 동료들에게 보여줬어요. 한국어보다 영어가 훨씬 익숙한 이들이죠. 그들의 감상을 종합하면 문장 스타일, 어휘 선택 등 모든 면에서 완벽한 영문이라는 거예요.
오히려 글의 결론이 빈약하다, 이런 핀잔을 듣고서 얼굴이 빨개졌죠. 내가 쓴 글이라는 이야기를 안 하길 잘했어요. (웃음) 나중에 비슷한 과정을 통해서 얻은 결과물을 〈기획회의〉의 번역 특집호에 참여한 국내 일급 번역가에게도 보여봤어요. 번역가마다 주목하는 지점이 다르긴 했지만, 결론적으로 AI 번역기의 영어 번역에 높은 점수를 주더라고요. 그 가운데 한 번역가가 이런 얘길 했어요. 인정하기 싫지만, 앞으로 번역가의 역할은 AI가 번역한 결과물을 확인하는 정도로 축소될 것이라고요. 물론 미묘한 뉘앙스까지 포착해서 번역해야 하는 문학 번역은 일급의 사람 번역가가 훨씬 낫겠죠. 하지만 그런 예외적인 경우를 제외하고 번역은 상당수 AI에 넘어갈 게 확실해 보여요.

이정모　나는 딥엘 나오기 전부터 구글 번역기를 많이 썼어요. 영어를 한국어로 옮기는 게 아니라, 한국어를 영어로 옮겨요. 10매 정도 되는 글을 써서 번역기에 넣어요. 구글 번역기도 잘 옮겨요. 그러다 중간에 말도 안 되는 데가 있어요. 가만히 보면, 내 글이 분명하지 않을 때 그렇더라고요. 그럼 그 부분을 번역기가 제대로 옮길 때까지 고쳐봐요. 글맛이 떨어질 수도 있는데….

정재승　오히려 문장의 완성도는 더 좋아져요. 비문이 사라지고 수려한 문체로 바뀌지요. 다만 '챗GPT가 번역했구나' 하고 짐작이 갈 정도로 정형화되어 있어서 아직은 매력이 덜 하더라고요.

이정모　　맞아요. 문장이 좋아져요.

정재승　　해마다 번역기의 수준은 좋아지고 있고, 그걸 강 기자가 했듯이 챗GPT에 넣으면 훨씬 유려한 문장들로 바 꾸어줍니다. 예를 들어, 과학 저널에 실릴 논문 스타일로 바 꿔 달라고 하면 그에 맞게 아주 잘 다듬어줘요. 그러니까 이 제는 우리가 글을 쓸 때 논리 구조나 에피소드 같은 내용에 만 집중하면 되지요. 저는 요즘 학생들 추천서를 쓸 때 챗 GPT의 도움을 받고 있는데, 작성 시간이 현저히 줄었습니 다. 문장은 챗GPT가 잘 만들어주니, 저는 추천서에 담길 내 용만 신경 쓰면 되니까요.

이정모　　그러니까요. 우리가 대학 때 공부하던 시간, 그 시간의 절반은 사실 영어 공부였어요. 그런데 이제 그럴 필 요가 없어요. 앞으로 우리에게 필요한 일은 친구를 사귀기 위한 외국어 공부면 충분해요. 원병묵 교수(성균관대학교)가 그러더라고요.

"이제 연구자가 영어 때문에 스트레스를 받는 시대는 끝났다. 당신이 최대한 당신의 논리를 한국말로 잘 쓰면 AI가 영어로 옮겨주는 게 가능한 시대가 되었다."

인간만이 할 수 있는 생각

이권우　　챗봇 AI를 사용하면서 제일 흥미로운 점은 대화가 된다는 거예요. 정확하게는 대화가 된다고 내가 느끼는 것이겠지만요. 어쭙잖게 여러 얘기를 종합해보면, 수많은 데이터를 학습한 AI의 반응이라는 게 결국 A라는 단어가 나오면 B라는 대답이 나올 가능성이 크다는 확률에 기반을 둔 것일 뿐이잖아요.

많은 사람이 그런 대화를 자연스럽게 여긴다는 건 인간의 반응을 충분히 확률로 예측할 수 있다는 것이고요. 〈마이너리티 리포트〉(2002) 같은 영화에서 이미 20년 전에 예고했듯이, 인간이 자유의지가 있는 것 같지만 사실은 확률을 통해서 예측할 수 있을 정도로 뻔하게 반응한다는 얘기라서 씁쓸해요.

정재승　　맞아요. 더구나 인간이 만들어내는 패턴이라는 게 심지어 빅데이터도 아니에요. 열 길 물속은 알아도 한 길 사람 속은 모른다고 했지만, 어쩌면 인간은 생각보다 그렇게 복잡하지 않은 존재일 수 있습니다.

이권우　　그러니까요. 만물의 영장이라며 개폼을 잡았지만, 인간이 상호작용하면서 쌓은 여러 가지가 사실은 스몰데이터라니!

이정모　　내 딸 얼굴만 봐도 무슨 생각을 하는지 뻔히 다 알아요. (웃음)

정재승　　오히려 인간의 놀라운 능력은 가족을 포함해 공동체의 아주 친밀한 구성원에 대해 그들이 만들어내는 적은 데이터만으로 빨리 판단해 적절하게 대응하도록 진화해온 거죠. 그래서 예전에는 인공지능을 놓고서 '인간이 적은 데이터로 할 수 있는 작업을 인공지능은 엄청난 빅데이터로 학습해 겨우 해내는 거'라고 자위했어요. 아직 인공지능이 인간을 따라오려면 갈 길이 멀다면서요.

이제 그 빅데이터의 규모가 엄청나게 커지면서 인공지능의 성능도 인간을 겨우 따라 하는 수준을 넘어 앞지르고 있는 형국입니다. 이미 지금도 그렇지만, 앞으로도 점점 많은 영역에서 인공지능이 인간이 하는 일을 너끈히 대신할 거예요. 여기서 핵심은 이거예요. 인공지능은 아주 싸고 빠르게 80점짜리 결과물을 다양하게 많이 만들어낼 수 있다는 거. 혹시 달리2(DALLE-II)나 미드저니(Midjourney) 같은 생성형 인공지능을 써보셨어요? 문장으로 설명하면 그대로 그림을 그려주는 인공지능인데, 결과물이 근사해요. 여러 번 해보면 아직은 패턴이 비슷하다고 느끼기도 하고요. 80점짜리 결과물인 셈이죠. 그렇다면 결국 미래에는 아무리 열심히 해도 75점짜리 결과물을 만들어내는 인간이 일자리를 얻기 힘들 거예요. 인공지능이 엄청나게 빠른 속도와 무지막지하게 싼 비용으로 80점짜리 결과물을 대량생산할 수 있으니까요. 이 80점짜리로부터 출발해 95점의 결과물을 만들 수 있는 사람들이 결국 미래에 살아남을 것이라고 봅니다.

강양구　엄청나게 많은 품이 필요하죠. (웃음)

정재승　맞아요. 0점을 80점으로 만드는 일보다, 80점짜리를 95점 이상으로 만드는 작업이 더 힘들고 어려워요. 이제 세상에서 70점, 80점짜리 결과물을 내는 사람들은 어떻게 살아야 할까요? 정신노동의 대량생산 사회에서 어떻게 생존할 수 있을까요? 슬퍼요.

이권우　매우 나쁜 표현으로 말하면 B급은 다 망하네요.

정재승　그게 바로 인공지능 시대를 맞이하게 될 우리가 고민해야 할 부분이라고 생각해요. A급 실력의 개성적인 인간은 더욱 중요해지고, 모든 사람의 눈높이가 이제 80점부터 출발하는 것. '야, 그건 챗GPT도 하겠다!'가 일상이 될 거라는 거죠.

강양구　기왕 번역 얘기를 했으니까, 또 다른 사례도 하나 얘기해볼게요. 개인적으로 아는 지인은 지금 본인이 쓴 1000매 분량의 한국어 초고를 딥엘과 챗GPT를 이용해서 영어로 번역하는 일을 진행 중이에요. 애초 외국인을 위한 한국 문화를 소개하는 콘텐츠였거든요. 처음에는 안톤 허나 그분의 스승 같은 일급의 영역 번역가에게 의뢰할 생각이었어요.

그런데 접촉한 일급의 영역 번역가들이 하나같이 작업 일정이 밀려 있는 거예요. 1년, 2년 기다려야 하는 상황이었죠. 그런 고민을 털어놓기에 내가 딥엘과 챗GPT로 영역 초고를 직접 만들어보길 권했어요. 정말 그 지인도 반신반의하면서 작업을 시작했어요. 결과는 어땠을까요?

시행착오가 있었지만, 딥엘과 챗GPT로 영역 초고를 완성한 다음에 미국의 출판 에이전시 여러 곳에 원고 검토를 의뢰하는 단계까지 갔어요. 그 지인이 일차로 완성한 원고를 미국의 지인 등에게 읽혀봤는데 결과물은 역시 그럴듯한가 봐요. 여기서 반전이 있어요. 그럼, 모두가 자기 한글 원고를 이렇게 영역할 수 있을 것인가? 아니죠.

이 지인만 하더라도 한글 저서가 여럿인 저자인 데다가, 자신도 전문 번역서를 여러 권 낸 실력자예요. 딥엘과 챗GPT가 다양하게 내놓는 영역 결과물을 자신의 시각에서 평가하고 수정해볼 실력이 있기에 상당히 괜찮은 결과물을 내놓을 수 있었던 거죠. 이분이 이렇게 말해요.

"딥엘과 챗GPT 덕분에 굉장히 수준 높은 영역이 손쉽게 가능해졌다. 다만 그걸 제대로 활용하려면 최소한 독해 능력 만큼은 상당한 영어 실력이 뒷받침되어야 한다."

그래서 나는 이렇게 될 거라고 예상해요. 일급 번역가, 특히 문학 작품의 번역가는 딥엘과 챗GPT를 놓고서 걱정할 필요가 전혀 없다. 오히려 일급의 방송 작가가 두세 명씩 보조 작가를 거느리는 것처럼 AI가 그들의 보조 번역가 역할을 할 수 있겠죠. 위기를 느껴야 하는 이들은 그 정도 수준에 미치지 못하는, 고만고만한 번역을 생산하는 2급 이하 번역 가죠.

이권우 그렇겠죠. 여기서 하나 더 질문할게요. 인간의 능력과 비교했을 때 AI가 100퍼센트, 혹은 그 이상이 될 수 있어요?

정재승 아직은 부족함이 많지만, 시간이 지날수록 80퍼센트 이상으로 계속 오르겠죠.

이정모 그건 시간문제 아니겠어요?

정재승 네, 시간은 언제나 기술 편입니다. 심지어 100퍼센트를 넘을 수도 있겠죠. 그때 사람이 주도권을 가지고 그 결과물을 평가하고 무엇을 선택할 것인지 결정해야죠.

이정모 한 아동 출판사에서 책을 번역해달래요. 그런데 그림과 함께 글이 조각조각 나뉘어 있는 게 아니라 그냥 글만 통으로 있는 책이에요. 내가 조언했어요. 이 텍스트를 딥엘에 올리면 3초면 번역해준다고. 그냥 딥엘로 번역하고 편집자가 교정 봐서 책을 내라고요. 그랬더니 옮긴이를 '딥엘'로 할 수는 없으니, 당신이 딥엘로 하든 말든 번역을 해달라는 거예요.

답답했어요. 아까 강 기자가 일급, A급 번역가는 그래도 생존이 가능할 거라고 했잖아요. 나는 그것도 힘들 듯해요. 일급 번역가 몇몇은 앞으로는 출판사에 소속되어서, AI가 초벌 번역하고 나면 그걸 검토하는 일을 하게 될 것 같아요. 수개월에서 1년씩 걸리던 번역이 1개월로 줄어들겠죠.

강양구 굉장히 소수이겠지만, 진짜 일급의 번역가는 상당히 오랫동안 남아 있지 않을까요. 어쩌면 그들의 가치는 오히려 더 높아질 수도 있고요.

정재승　　동의합니다. 하지만 그들에게 유효기간이 얼마나 될까요? 지금은 챗GPT에 최적화한 언어가 영어예요. 하지만 네이버 하이퍼클로바 엑스 같은 게 나오면(2023년 8월 24일 베타 서비스 시작) 영어를 한글로 부족하나마 번역하고 나서 원작 작가와 스타일이 비슷한 한국 작가, 예를 들어서 '소설가 은희경 문체로 고쳐줘' 하면 번역가의 문장보다 더 나은 결과물이 나올 수도 있어요. 문학 작품 번역도 시간문제예요. 아마 미래에는 인간에게 요구되는 유일한 능력은 이거일 것 같아요. '인터넷에 없는 생각을 해!', '검색해서 나오지 않은 아이디어를 꺼내 봐!'

개인화된 경험과 지식의 중요성

강양구　　최근에 소설 쓰는 문지혁 작가가 사석에서 "미래에 문학은 오토픽션만 남을 것이다" 이렇게 말해서 공감이 갔어요. 개인의 고유한 또 은밀한 경험을 재료로 문학적으로 형상화한 작품만이 AI 시대에도 인간의 자리에 남아 있을 수 있고, 그렇기에 그것이 문학적으로 오랫동안 가치를 가질 것이라는 생각인데요. 어떻게 생각하세요?

이정모　경험도 얼마든지 만들 수 있을 것 같은데요? 경험이라는 게 그렇게 특별해요?

이권우　우리의 경험도 결국 데이터가 되면 별거 아닌 게 될 수도 있다는 건데요. 여기서 내 궁금증부터 하나 해소하고 갑시다. 지금 AI가 빅데이터 학습을 기반으로 똑똑해지고 있습니다. 그런데 이렇게 AI 활용이 대세가 되면, 결국 모든 데이터가 AI가 생산한 것으로 수렴하는 일이 생기지 않을까요? 원본 데이터의 황폐화!

정재승　일리가 있는 지적입니다. 언젠가 인공지능들이 데이터를 만들어내는 속도가 80억 지구 위 인간들이 데이터를 만들어내는 속도보다 더 빨라질 테니까요. 하지만 그런 일을 걱정하기에는 인공지능과 함께 빅데이터를 생산하는 이용자들이 저마다 인공지능에 요구하는 게 아직은 다양한 것 같아요. 정말 기상천외한 방식으로 인공지능을 사용할 때, 인공지능이 내놓는 결과물도 다양할 거고요. 이 모든 데이터를 또다시 인공지능이 학습하고. 이런 양의 되먹임이 계속해서 이뤄지지 않을까 생각해요.

강양구　바로 그 점에서 오토픽션의 가능성을 얘기한 문지혁 작가의 비전이 상당히 설득력이 있다고 생각해요. 오리지널리티에 집착하는 일도 근대 이후에 정착되었어요. 우리는 셰익스피어의 희곡을 불세출의 고전이라고 칭송하지만, 사실 그 희곡의 정체는 '창의적인' 짜깁기였거든요. 믿기지 않으면, 셰익스피어 평전 《세계를 향한 의지》(민음사, 2016)를 읽어보세요.

우리나라를 포함한 동양도 마찬가지입니다. 예를 들어 다산 정약용 같은 당대 최고 지식인의 저술 작업에서 가장 중요한 일은 다른 훌륭한 연구 성과를 인용하는 일이었거든요. 말이 인용이지 사실은 짜깁기였죠. 요즘의 관점에서는 표절이라고 딱지 붙여도 될 법한 사례도 많았고요.

방금 정재승 선생님께서 이용자마다 AI와 함께 만들어갈 데이터가 저마다 다를 가능성을 얘기했잖아요. 나는 그런 과정에서 지금까지 우리가 당연하게 생각해온 오리지널리티에 대한 인식도 달라질 거라고 생각합니다. 이미 그런 일이 진행 중인데 우리가 제대로 포착하지 못했을 수도 있고요.

정재승   맞아요. 유튜브 생태계를 생각해보세요. 지금까지 아주 많은 콘텐츠가 쌓여 있어서 나올 건 다 나온 것으로 보이죠? 하지만 앞으로 10년, 20년 뒤에도 사람들은 유튜브 콘텐츠를 계속 만들고 소비할 거예요. 그럼 무엇이 달라질까? 똑같은 얘기라도 그걸 누가 하는가, 이게 중요합니다. 그 얘기를 하는 사람이 살아온 삶, 쌓아온 경험과 지식, 이런 것이 다르기 때문이죠.
똑같은 얘기를 하더라도, 이명현이 하는 것, 이정모가 하는 것, 이권우가 하는 것이 다른 효과를 불러일으키겠죠. 세상의 모든 데이터는 그 자체로 점점 다양하게 변화할 겁니다.

강양구   개인화된 지식. 오토날리지!

정재승   사람들이 지식을 바라보는 태도도 바뀔 것 같아요. '검색하면 다 나와'가 지난 20년의 패러다임이었어요. 그전까지는 지식을 생산할 수 있는 소수가 권위를 가지고 있었는데, 검색 서비스가 보편화하면서 그게 깨졌죠. 검색해보면 누구나 할 수 있는 이야기가 권위를 가지지 못하는 시대가 온 겁니다.

지금은 검색해서 얻은 지식을 어떻게 편집해서 들려주느냐, 이게 아주 중요해졌어요. 그런데 이제 챗GPT가 나와서 깔끔한 문장으로 정리하는 것까지는 무리 없이 할 수 있게 되었어요. 그렇다면 이제는 챗GPT가 할 수 없는 개인의 독특한 색깔을 칠해서 전달하는 게 중요해지겠죠. '저런 얘기는 챗GPT도 할 수 있겠다'를 넘어서는 개인의 목소리가 더욱 중요해질 겁니다.

강양구　　전적으로 동감해요. 나는 문지혁 작가가 문학의 미래를 오토픽션에서 찾은 것도 딱 그 지점이라고 생각해요. 비슷해 보이는 삶의 경험도 한 개인이 자기만의 고유한 색깔을 입혀서 이야기했을 때 누군가에게는 감동을 줄 수 있거든요. 그런 점에서 문지혁 작가의 《초급 한국어》,《중급 한국어》를 꼭 한 번 읽기를 권하고 싶어요.

이정모　　같은 생각이에요. 지금은 똑같은 지식도 어떤 인생을 살았던 사람이 무슨 얘기를 하느냐에 따라서 다르게 받아들여져요. 앞으로도 사람들은 계속해서 감동받기를 원하고 재미를 얻으려고 하겠죠. 그런 감동과 재미는 어디서 올까? 한 명 한 명의 인생에서 오는 거죠. 이런 사람이 이런 얘기를 하는 게 감동적이고, 저런 사람이 저런 얘기를 하는 게 재밌고.

정재승　　그래서 앞으로는 인간에겐 '신뢰'가 가장 중요하게 기대되는 가치 중 하나가 될 겁니다. 언행일치가 더욱더 중요해질 거고요. 그 사람이 어떻게 살아왔는지 모두 노출되어 있잖아요. 상품 사용 후기를 하나 올려도 '내돈내산'인지 협찬받았는지 모두 감시하는 시대니까요. 그 사람이 살아온 삶이 말이나 글과 얼마나 일치하는지, 또 얼마나 신뢰할 만한 사람인지가 훨씬 중요한 사회가 될 거예요.

인간의 노동이 필요치 않다면

이권우　　나는 챗GPT를 보면서, 그리스 신화에 나오는 자기 몸까지 뜯어먹는 에리직톤이 생각나요. 결국 AI와 로봇

"인간의 삶 자체가
  하나하나 데이터가 되고,
  결국 생산으로
  전환이 됩니다."

이 인간의 자리로 들어와서 노동을 대체하면 일자리가 줄어들겠죠. 그럼 구매력 없는 실업자가 대량 양산되겠죠. 그렇게 사회 전체의 구매력이 떨어지면 시장에서 상품이나 서비스가 판매되지 않을 테니, 그게 곧 자본주의 시장 경제의 몰락으로 귀결되지 않을까?

정재승 그러니까 기본소득 같은 제도를 자본주의의 첨병인 미국의 기업가들이 도입하자고 주장하잖아요. 인간의 존엄성을 유지하는 데 필요한 최소한의 소득을 보장한다는 기본소득의 도입이 무슨 사회주의적 가치를 구현하겠다는 복지 정책이 아니라, 사실은 자본주의 사회에서 노동자로 기여하지 못하는 인간을 소비자로라도 기여하게 만드는 저의가 깔려 있습니다.

강양구 빌 게이츠는 재원이 없으면 AI나 로봇으로 돈을 버는 마이크로소프트 같은 기업에 '로봇세'를 걷어서라도 기본소득을 도입하자고 얘기하잖아요. 일론 머스크, 마크 저커버그 등도 모두 기본소득 옹호자예요. 독일에서 2004년부터 기본소득 도입을 적극적으로 주장하는 괴츠 베르너도 독일의 가장 큰 드러그스토어 체인 데엠(dm-drogerie markt)의 창립자이고요.

이권우 　그런데 왜 한국에서는 기본소득 얘기하면 좌파 딱지를 붙이는 거예요?

강양구 　유럽만 하더라도 기본소득을 둘러싼 논의의 지형이 굉장히 다양해요. 독일에서는 괴츠 베르너 같은 기업인과 독일 원내 정당 가운데 가장 좌파로 분류되는 좌파당 소장파가 동시에 기본소득의 필요성을 강조하니까요. 오히려 노동조합 같은 곳은 기본소득이 기존의 복지제도를 축소할 가능성이 있다면서 경계하는 분위기고요.

이정모 　사실 유럽의 극우파가 기본소득에 혹할 만하지. '어차피 AI와 로봇 때문에 앞으로 너희는 두 시간만 일할 텐데, 노동조합 같은 것 만들지 말고 돈 줄 테니 이걸로 소비하면서 살아! 대신 국가가 제공하던 복지 서비스 축소는 불가피해!' 이러면서 기본소득 도입을 주장하는 거니까요. 이권우 선생님이 걱정하니까 하는 말인데, 내가 보기엔 자본

주의는 안 망해요. (웃음)

이권우   아니, 망해요. (웃음)

강양구   여기 세 분 살아 계실 동안에는 안 망할 거 같아요. (웃음)

이정모   솔직히 자본가가 정말로 성실해요. 자기의 이윤을 위해서 철저하게 그 사회를 안전하게 유지할 거예요. AI나 로봇이 등장하니까 자본가가 나서서 기본소득 고민하는 게 그 방증이죠.

이권우   기본소득에 아직 힘이 안 실리고 있잖아요. 한국 기업가는 전혀 관심도 없고요.

이정모   야! 너 1년 전에 챗GPT 나올 걸 알았어? (일동 웃음)

강양구   국내 기업인이 동의하고 말고는 변수가 아니에요. 미국이나 유럽에서 기본소득이 대세가 되면 우리나라도 따라갈 수밖에 없겠죠.

이정모　아, 미안합니다. 내가 흥분해서 방금 이권우 선생님을 '너'라고 부른 건 진심으로 사과할게요. 녹음하고 있다는 걸 깜빡했어요.

강양구　이거 그대로 살릴 거예요. (웃음)

정재승　지금은 기본소득의 재원을 어떻게 마련할지 뾰족한 방법이 없기에 현실성을 의심받고 있죠. 하지만 결국 이 모든 시스템이 데이터에 기반을 두고 있다는 걸 깨닫게 되면, '페이스북에 글 쓰는 건 나인데, 왜 돈은 저커버그가 벌지? 데이터를 생산한 나에게도 돈을 달라!' 이런 요구가 일어날 거예요.

사실 우리가 유튜브를 보는 것으로도 데이터가 만들어져요. 인간의 삶 자체가 하나하나 데이터로 기록되는 시대이고, 결국 이 데이터는 인공지능의 생산과 서비스에 기여합니다. 사람들이 이런 사실을 명확하게 깨닫는 순간 그 데이터 생산에 대한 대가를 요구할 테고, 그것이 결국은 기본소득의 재원 역할을 할 수 있다고 봅니다.

이권우 나는 기본소득에 양가적인 감정이 있어요. 한편으로는 도입이 필요하다고 생각하면서도, 다른 한편으로는 기본소득이야말로 전 세계 시민을 C급 소비자로 만드는 게 아닌가 싶어서요.

정재승 격하게 공감합니다. (웃음)

강양구 그래서 김공회 교수(경상대학교) 같은 경제학자는 기본소득을 비판하죠.《기본소득, 공상 혹은 환상》(오월의봄, 2022) 같은 책에서 기본소득과 자본주의의 관계를 역사적으로 살피면서, 기본소득 대신 정당한 임금 노동의 대가를 강력하게 요구하고, 복지제도를 훨씬 정교하게 만드는 게 중요하다고 주장해요.

정재승 그건 대안이 될 수 없어요. 결국 인간의 노동이 필요하지 않은 사회로 가고 있다는 게 문제의 본질이니까요.

강양구   글쎄요. 팬데믹 3년 동안 우리가 확인했지만, 사회를 유지하는 데에 필수적인 노동이 각종 돌봄 노동이잖아요. 그런데 단기간에 그런 돌봄 노동을 AI나 로봇으로 대신할 수 있을 것 같지는 않거든요. 그렇다면 그런 돌봄 노동의 가치를 올려주는 것, 김공회 교수식으로 말하면 임금 노동의 가치를 올려주는 것도 해볼 만하지 않을까요?

그러니까 AI나 로봇이 인간의 자리를 무차별적으로 들어오는 데에 제동을 걸고, 인간이 하는 게 더 낫고 심지어 가치도 있는 일을 선별한 다음에 그 인간의 노동에는 과거와는 비교할 수 없을 정도로 높은 대가를 지불하자는 이야기죠. 나는 돌봄 노동이 그 후보라고 생각하고요.

정재승   물론 한동안은 당연히 필요한 일이지만, 그게 근본적인 대책이 되기는 어려워 보여요. 한 가지 강조하자면, 기본소득은 '기본'이잖아요. 기본소득에만 만족하면 C급 소비자가 되는 것도 이 때문이죠. 우리는 그 기본소득을 밑바닥에 두고서 사람들이 다양한 일을 할 수 있는 세상을 꿈꿔야죠. 그게 중요해요.

이권우   나는 계속 회의적인 게, AI와 로봇이 버티고 있는데 과연 인간이 C급에서 A급으로 올라갈 여지가 있을까요?

정재승   맞아요. 그게 힘든 일입니다. 챗GPT와 AI는 지금 흔히 우리가 좋은 일자리라고 생각했던 화이트칼라의 일자리까지 뺏고 있어요. 그럼 남은 일자리는 AI로 쉽게 대체할 수 없는 80점 이상으로, 그러니까 95점 수준으로 높이는 일. 또 정신노동과 육체노동이 결합해서 복잡한 스킬을 요구하는 일.

사실 아파트나 건물의 경비원 역할도 섬세하고 복잡한 작업이에요. 기술의 난도가 높은 직업이라서 웬만한 로봇으로 대체가 어려워요. 하지만 이것도 한 50년쯤 지나면….

강양구   특히 화이트칼라 전문직이 위험하죠.

이권우   '사'자로 끝나는 직업들.

정재승   다 없어지지는 않겠죠. 다만 20명이 하던 일을 5명이 하는 식으로 될 거니까, 나머지 15명은 다른 일을 찾아

야겠죠. 하지만 갑자기 다른 일을 찾는다는 게 쉽지 않죠. 상당히 많은 사람이 다른 일을 찾지 못하고 도태될 것 같아 걱정입니다.

이정모　아까 강양구 기자도 잠깐 얘기했는데 노동의 가치가 바뀔 수도 있다고 생각해요. 지금까지 사회적으로 중요한 가치를 부여했던 노동을 AI나 로봇이 대신하면, 인간의 자리에 남은 노동에 좀 더 높은 가치를 부여할 수도 있겠죠. 예를 들어 AI나 로봇이 쉽게 대체하지 못하는 직업. 얼른 미장이가 생각나는데요?

이권우　미장일은 로봇이 더 잘할 거 같은데요. (웃음)

강양구　미용사, 도배사! (웃음)

정재승　그런 일 찾기가 힘들죠? (웃음) 제가 볼 때 인간에게 남은 유일한 일은, 또 해야 할 일은 기후위기에 대비하는 일, 지구를 살리는 일 같아요. 그물에 목이 감긴 거북이를 구해주는 일이 인간이 해야 할 일이 아닌가 싶어요. 요즘 제

가 유튜브에서 많이 보는 동영상입니다. (웃음)

위기의 시대에서

이권우 이 대목에서 우리 화제를 바꿔봐요. 이정모 선생님이 최근에 여섯 번째 대멸종 이야기를 많이 해요. 여섯 번째 대멸종과 AI는 어떻게 연결이 될까요?

정재승 AI가 발전하면 인간이 멸종하게 될 것이다?

이정모 아니요. 아, 물론 인간도 언젠가는 멸종하겠죠. 하지만 이제 35만 년밖에 안 됐는데 멸종하는 건 말이 안 되잖아요. 한 100만 년은 버텨야죠.

정재승 말이 안 되긴요? 다른 호미닌은 다 멸종했잖아요? 지구상에서 100만 년 버티는 게 쉬운 일이 아닐 것 같아요.

이정모 우리는 똑똑하잖아. (일동 웃음) 게다가 멸종하기 쉽지 않을 만큼 많은 개체 수가 있어요. 개체 수가 정말 중요해요. 네안데르탈인이 왜 멸종했겠어요? 개체 수가 적어서 짝짓기를 못했기 때문이에요. 생각해보세요. 대부분의 동물 가운데 수컷의 95퍼센트는 암컷 옆에 가보지도 못하고 죽어요. 인간 수컷은 정말 복 받은 줄 알아야 해요. 어쨌든 대부분 짝짓기를 해봤으니까요.

이권우　차라리 인간이 멸종하면 지구가 건강해질 텐데.

이정모　이권우 선생님이 왜 지구 걱정을 해요? 우리 걱정을 해야지. (웃음)

정재승　으악 슬프다. '인구가 약 80억이나 되니 무슨 일이 벌어져도 여전히 일정한 개체 수는 남겠다' 이런 생각보다는 좀 더 비관적으로 전개될 것 같아요. 기후재난으로 해수면이 상승해서 살 곳이 없어지고, 경제적 활동을 제대로 할 수 없게 되고, 먹을거리가 부족해지는 변화가 있겠죠? 그런 일로 피해 보는 숫자가 인구의 20~30퍼센트만 되어도 국내 분쟁을 넘어 지역 간 테러, 더 나아가 세계 전쟁이 일어날 수 있습니다. 인간이 기후 변화로 멸종한다기보다, 그

전에 그것이 만들어내는 다양한 소요(騷擾)가 우리를 세계
전쟁으로 치닫게 할 것 같아요.

핵전쟁으로 가면, 정신 나간 지도자가 버튼 하나만 누르면
연쇄적으로 핵폭탄을 주고받으면서 80억이 다 사라질 수도
있겠죠.

이정모   내가 지금 그 얘기를 하려던 참이었어요. 우리나
라 대부분의 가정에서 손주, 아빠 엄마, 할아버지 할머니 3대
가 전쟁을 경험하지 못했어요. 90대쯤 되어야 한국전쟁을
10대 때 경험했어요. 우리나라뿐만 아니라 전 세계가 비슷
해요. 물론 불행한 지역이 있죠. 러시아와 우크라이나 전쟁
도 있고 시리아나 예멘 내전도 있고요. 그래도 지구 대다수
지역은 전쟁이 없어요.

하지만 과연 이 태평성대가 앞으로도 계속될까요? 나는 기
후위기 때문에 이 태평성대가 끝날 거라고 봐요. 평균 지구
표면 온도가 산업화 이전과 비교해서 1.5도 올라서, 그래서
더워서 인류가 죽는 게 아니에요. 전쟁 때문에 죽게 될 거예
요. 지금 10대, 20대가 겪게 될 가장 큰 재난은 전쟁일 가능
성이 커요.

이권우　　식량 전쟁? 물 전쟁?

이정모　　기후위기가 모든 것에 영향을 주지만 특히 식량과 물이 골칫거리예요. 우리나라는 식량 자급률이 약 44퍼센트, 가축 사료까지 포함한 곡물 자급률이 약 20퍼센트 수준이에요. 우리나라처럼 식량 자급률이 엄청나게 낮은 나라는 더욱더 위험하죠. 거기다 북한은 우리보다 훨씬 식량이 부족한 나라고요.

식량이 부족하고 물 공급이 안 되었을 때, 그래서 민심이 부글부글 끓을 때 정치인의 선택지가 몇 개 안 됩니다. 이 기후위기 문제를 해결하지 못하면 진짜 전쟁 때문에 인류가, 다음 세대가 챗GPT를 제대로 사용해보지도 못하고 심각한 위기에 처할 거예요. 요즘 나의 가장 큰 걱정이에요.

강양구　　이번 대화의 시작이 챗GPT AI였어요. 그런데 사실 챗GPT AI를 학습시키려면, 그리고 그걸 이용하려면 아주 많은 전기가 필요해요. 또 그 전기를 생산하는 과정에서 석탄 화력발전소에서 많은 탄소를 배출하고요. 결국 그 탄소가 지구를 데우면서 기후위기를 유발하는 거잖아요. 그래서 기후위기 시대에 AI가 과연 지속 가능할지 회의적인 시각도 있어요.

이정모 에너지 전환이 있어야죠. 앞으로 챗GPT뿐만 아니라 수많은 AI가 등장할 텐데 석탄 화력발전소에서 생산된 전기를 쓰기 시작하면 지구가 또 인류가 그 결과를 감당할 수가 없어요. 그런 점에서 에너지 전환은 AI 시대 같은 새로운 테크놀로지가 중심이 된 사회를 준비하기 위한 필수 과정이에요.

이권우 지금 우리가 얘기하는 것들, 그러니까 AI, 에너지, 기후위기, 인간의 삶에 대한 기본 조건, 이런 것에 대한 종합적인 판단을 정치적으로 해야만 겨우 우리가 멸종을 피할 수 있지요. 이 시점에서 하나라도 잘못 판단하면 정말로 전쟁을 불사할 수밖에 없는 상황이 발생할 수 있어요.

강양구 그런데 그 네 가지 주제를 종합적으로 고민하는 분들이 거의 없죠.

정재승　그럼 호모 사피엔스가 머지않아 멸종할 확률이 얼마나 될 거라고 보세요?

이권우　대단히 높다고 봐요.

이정모　나는 일단 500년 안에는 일어나지 않는다!

강양구　500년도 호모 사피엔스의 35만 년 전체 역사를 염두에 두면 아주 짧은 시간인데요.

이명현　나는 생각보다 길 거라고 보는데. 500년 안에 멸종할 가능성을 이야기한다고 하면 한 20퍼센트?

강양구　20퍼센트면 높은 것 아닌가요? 정재승 선생님은 어떻게 생각하세요?

정재승　예전 같았으면 우리가 멸종을 논할 정도는 아니라고 말했을 것 같은데, 요즘 같아선 500년 안에 멸종할 가능성도 10~20퍼센트는 있는 것 같아요.

이정모　　잠깐만, 나는 반대예요. 5년 전만 하더라도 더 비관적이었어요. 나는 점점 길어지고 있어요. 인류에 대한 신뢰가 점점 높아지고 있어요.

이권우　　500년이냐 1000년이냐는 중요하지 않아요. 이 선택을 우리가 해야 하니 우울한 거예요. 지금 권력을 쥐고 있는 우리 세대가 어떻게 선택하느냐에 따라서 앞으로 500년, 1000년 후의 인류의 미래가 영향을 받을 것 같으니 우울한 거죠.

이명현　　나는 우리 세대의 역할을 과장하는 것도 조심해야 한다고 생각해요. 우리가 알고 있는 범위 안에서 최선을 선택하는 것뿐이죠. 예를 들어 우리가 500년 후까지 걱정하면서 어떤 선택을 했는데, 그게 100년 후에는 부정적인 효과를 불러일으키는 잘못된 선택으로 판명될 수도 있어요. 그러니까 우리가 모든 것을 짊어지고 책임져야 한다는 식의 소명 의식을 갖는 건 반대예요.

이권우　　이 친구들이 나의 우울감을 해소하는 데에 전혀

도움이 안 되고 있어요. (웃음)

앞으로 글쓰기 수업에서 무엇을 가르쳐야 할까?

정재승　　계산기가 일상에서 널리 쓰이게 되면서 초등학교에서는 '산수'라는 수업이 사라지고 모두 '수학'으로 바뀌었어요. 주산학원이 사라지고, 암산이 더 이상 인간에게 요구되는 중요한 능력이 아니게 되었잖아요. 이제 글쓰기를 해주는 챗GPT가 나왔어요. 챗GPT의 문장 생성 능력이 정말로 훌륭해요. 그럼 학교에서 글쓰기 교육은 앞으로도 계속 필요할까요? 평생 글쓰기를 해온 세 선생님의 혜안을 듣고 싶어요.

이정모　　읽기와 쓰기는 달라요. 챗GPT는 내가 읽을 것을 정리해줄 뿐이죠. 우리가 글을 쓰면서 정보를 정리해서 구조화하고 또 새로운 아이디어도 떠올리잖아요. 그러니 챗GPT가 자료를 유려한 문장으로 정리해준다고 해서 글쓰기를 대체할 수 있다고는 생각하지 않아요. 오히려 글쓰기 연습이 챗GPT에게 유용한 질문을 던지는 데에도 도움이 되겠죠.

이권우   나는 이참에 에디터십, '편집력'의 중요성을 강조하고 싶어요. 편집자의 가장 중요한 역할이 의제를 설정하고, 그 의제에 맞춤한 콘텐츠를 생산할 수 있는 저자를 찾고, 또 그 저자가 콘텐츠를 생산할 수 있도록 이끄는 일이잖아요. 나는 챗GPT가 등장하면서 이런 편집력이 더욱더 중요해졌어요.

일단 챗GPT에게 무엇을 물어볼지 정해야죠(의제 설정). 그리고 챗GPT에 그 의제에 맞춤한 적절한 질문을 던져야죠. 챗GPT의 답이 적절한지 판단하고, 미진하면 더 나은 답변을 할 수 있도록 또 다른 질문을 던져야죠. 나는 기본적으로 편집력을 갖춘 사람만이 이 과정을 통해서 좋은 콘텐츠를 생산할 수 있다고 생각해요.

정재승   사실 '편집력'은 검색 시대에 등장했던 개념이죠. 검색 시대의 편집력과 챗GPT 시대의 편집력은 어떻게 다를까요?

이권우　　챗GPT에게 질문을 던지고 나서 곧바로 답변이 나오죠. 거기서 편집력에 따라서 다른 반응이 나와요. 그냥 그 답변을 곧이곧대로 수용하는 사람이 많겠죠. 편집력이 있는 사람은 그것에 만족하지 않고 좀 더 나은 답변을 끌어내고자 계속해서 질문을 던지겠죠. 그 과정을 통해서 자기가 생각하지도 못했던 결과물을 얻어내는 능력이 바로 편집력이죠.

정재승　　글쓰기가 그런 편집력을 기르는 데에 도움이 될까요? 예를 들어 30년 후를 생각해보면 글쓰기 능력 차이가 미래 사회에서 할 수 있는 역량 차이를 증폭시킬 수 있을까요?

이권우　　나는 엄청나게 증폭시킬 거라고 생각해요. 챗GPT로 글쓰기가 중요해지지 않은 게 아니라, 글쓰기를 잘하는 사람이 훨씬 더 큰 역량을 발휘할 거예요. 글쓰기를 통해서 사고하고 편집하는 역량의 차이를 만들어낼 테니까요.

이명현　　글을 쓰는 우리 같은 사람에게 챗GPT는 훨씬 좋고 아주 재미있고 우리말까지 잘하는 비서예요. 그렇다면 30년 후에는 어떻게 될까요? 이해하기 쉽게 독서를 '인풋'이라고 해봐요. 생각하는 일, 과학적 사고방식을 '프로세싱'이라고 하고요. 글을 쓰는 일을 '아웃풋'이라고 합시다. 본질적으로 이 세 과정은 30년 후에도 달라지지 않을 것 같아요. 물론 독서의 대상이 종이책에서 디지털 디바이스로 바뀌겠고, 프로세싱하는 과정에서 AI와 대화를 나누면서 생각을 정리할 수도 있겠죠. 아웃풋이 꼭 글이 아닐 수도 있지만, 결국 비슷한 결과물이 될 테고요. 또 이 과정에서 에디터십, 편집력 혹은 큐레이션십 이런 게 중요할 테고요.

강양구   앞에서 우리가 나눴던 얘기와도 연결돼요. 앞으로 대중은 똑같은 지식이라도 개인화되어서 정리된 콘텐츠를 원할 것이라는 데에 다들 동의했잖아요. 그런데 글쓰기야말로 지식에 자신의 색깔을 입히는 굉장히 개인적인 행위죠. AI가 요령 있게 정리해놓은 지식을 퍼스널라이징, 즉 개인화하는 능력이 갈수록 중요할 텐데, 그게 바로 글쓰기 능력이죠.

그런 점에서 앞으로도 글쓰기를 잘하는 사람이 훨씬 더 주목받고, 대중이 귀를 기울이고 싶은 사람, 어떤 영역에 있어서 성취가 돋보이는 사람이 될 거예요.

정재승 예를 들어 강양구 기자가 미국에서 활동하는데 영어 실력이 지금 정도야.

강양구 지금 폄훼하시는 겁니까? (일동 웃음)

정재승 앗, 나는 영어 실력이 나쁘다는 뜻은 아니었는데 괜히 혼자 찔려서. (웃음) 강 기자가 우리말로 글을 써서 AI를 통해서 번역하고 챗GPT로 〈뉴요커〉 스타일로 바꿔서 내놓았더니 다들 원어민이 쓴 아주 훌륭한 글로 받아들여요. 그럼, 이제 생각만 잘하면 표현은 챗GPT가 잘할 수 있다고 간주할 수도 있는 것 아닐까요?

강양구 지금 굉장히 중요한 포인트를 지적해주셨는데요. 나는 글쓰기를 놓고서 얘기할 때마다 자조적으로 문재(文才)가 뛰어난 편이 아니라고 얘기하거든요. 어렸을 때부터 글재주가 뛰어나다, 글을 잘 쓴다고 생각한 적이 없어요.

정재승　나도 그래요.

강양구　어휴, 정 선생님은 최고죠. 아무튼 그래서 항상 나의 글쓰기 목표는 머릿속의 생각을 요령 있게 정리해서 읽는 사람에게 90퍼센트 이상 도달할 수 있게끔 하는 거였어요.

일동　그게 얼마나 어려운데!

강양구　노력하고 있다고요. (웃음) 결론을 말하자면, 내가 가진 생각을 요령 있게 정리하는 일이 바로 글쓰기로 구현이 되잖아요. 애초 그렇게 써낸 글이 엉망진창이면 AI가 아무리 표현을 다듬어줘도 최종 결과물도 좋기는 어렵겠죠. 좀 더 과감하게 말하자면, 나는 AI 시대일수록 논리적 글쓰기가 중요해진다고 생각해요. 문체를 강조하고 미문을 흠모하는 분위기는 사라지고요.

정재승　그럼 챗GPT 시대에 글쓰기 교육은 어떻게 해야해요? 지금은 글을 써오면 문장을 봐주고 또 구성을 보면서

'이건 사례를 더 드는 게 좋지 않겠니?' 이렇게 지도했죠. 그런데 지금은 챗GPT에 초고를 넣고서 '과학적 글쓰기를 해줘' 하면 심지어 없던 문장까지 넣어주면서 자연스럽게 글을 다듬어주거든요.

지금도 이 정도 수준인데 10년, 20년, 30년이 지나면 글쓰기 수업에서 무엇을 가르쳐야 할까요?

이명현 　글쓰기 수업에서는 자기 생각이 글이 되는 과정을 연습하겠죠.

정재승 　그러면 결국 가르쳐야 할 것은 '무엇을 어떻게 생각할 것인가?'가 될까요? 논리적인 사고의 흐름을 연습시키고, 막상 글은 얼기설기 대충 쓰고. 글쓰기 없이 좋은 사고가 가능할까요?

이권우 　그런데 교육에서 중요한 고리가 '내재화'예요. 자기 능력으로 전환할 수 있느냐. 대충 쓴 글은 사실 논리적 사고의 흐름에 문제가 있었다는 것 아닐까요? 그 흐름에 문제가 없었다면 일차적인 결과물도 훌륭할 테고, 그걸 챗GPT가 다듬으면 더욱더 훌륭해지겠죠. 또 글쓰기 훈련을 통해서 논리적 사고의 흐름을 잡는 데에도 도움이 될 테고요.

그럼 여기서 나도 물어볼게요. 만약 뇌에 디바이스를 연결하면 생각하는 대로 저절로 글로 써지면 어떻게 될까요?

정재승 그런 것도 언젠가 나오겠죠.

강양구 그런데 그런 디바이스의 결과물은 별로일 거예요. 머릿속에 들어 있는 복잡한 생각의 덩어리가 글을 쓰면서, 타이핑하면서 정리가 되는 효과가 분명히 있거든요. 그 정리를 잘하는 일이 바로 글쓰기 훈련이고요. 그런 과정 없이 머릿속에서 정리가 안 된 생각의 덩어리가 그대로 글로 구현되면 복잡하고 엉성하고 쓸모없는 결과물일 가능성이 크겠죠.

이정모 나는 기본적으로 낙관적이에요. 아마 챗GPT 등을 자유자재로 이용하면서 우리 세대와는 비교할 수 없을 정도로 좋은 글이나 콘텐츠가 엄청나게 나올 거예요. 하지만 혼란은 불가피하겠죠. 특히 지금 대학생, 20대 같은 젊은 사람들이 문제예요. 챗GPT가 등장하고 나서 그걸 이용해야 하는 첫 세대니까요.

정재승　　대학에서는 당장 시험부터 문제예요. 저는 그동안 오픈북으로 시험을 치렀어요. 예를 들어, 기존 논문의 실험 결과를 제시하고 실험을 어떻게 디자인해야 이런 결과가 나올 수 있는지 질문하는 식으로요. 그런데 이 문제를 챗GPT에 넣어봤더니 실험 디자인을 꽤 그럴듯하게 하는 거예요. 그래서 그동안 출제했던 문제를 쓸 수 없게 되었어요. 결국 중간고사 때는 디지털 디바이스와 책도 없이 전통적인 형태로 시험을 봤어요.

고민이에요. 그렇다고 책에 있는 걸 외워서 쓰는 전통적인 방식은 바람직하지 않으니까요. 그래서 다양한 시도를 해보려고 요즘 궁리 중이에요.

이권우　　어떻게 해야 해요?

정재승　　지금 생각은 차라리 아예 논문을 주고, 빨리 읽힌

다음에 질문을 던지는 거예요. 'A라는 환자를 대상으로 실험해서 이런 결과를 얻었는데, 만약에 다른 질병을 가진 B라는 환자라면 결과가 어떻게 나왔을까?' 아직 시험 문제 출제는 안 했는데…. 하여튼 이렇게 챗GPT 시대에 벌써 많은 변화가 이미 시작됐어요. 환갑을 맞이하신 글쓰기 달인들과 챗GPT 시대를 전망하고 걱정하니 여러 생각들이 쏟아지네요. 세 분의 열린 생각을 나눠주셔서 다채로운 관점으로 인공지능에 대해 논의하고, 깊이 공감할 수 있었습니다.

3부

마음과 우정

"우리의 우정이 지켜질 수 있던 건
최소주의?
이게 아주 큰 미덕이에요.
우리는 항상 관계에 있어서
최대주의를 기대하죠.
그런데 서로 기대가 과도하면
그 관계는 지속하기 어려워요."

정재승　　선생님들께서 먼저 명상에 대해 얘기해보자고 해서 놀랐어요. 나이가 들면 마음을 다스리는 일이 얼마나 중요한지 깨닫게 되죠. 저는 원래 명상과는 거리가 먼 사람입니다만, 최근에 KAIST 명상과학연구소를 맡게 되면서 깊은 관심을 갖게 됐습니다. 세 분 모두, 명상하십니까?

이권우　　요즘 주변에 우울증을 앓는 사람이 많아요. 특히 이제 사회생활을 시작했는데 적응 못하고 힘들어하는 젊은이들. 나는 대중이 뇌과학에 관심을 가지는 것도 정신건강의 문제와 연결된다고 생각해요. 그래서 기왕 정재승 선생님을 모시고 이야기를 나누는 자리니 마음이나 명상을 꼭 화제에 올려야겠다고 생각했죠. 일단 뇌과학에서 마음이 뭐예요?

정재승   그러게요. 마음이 뭘까요? 완전 선문답이다. (웃음) 뇌의 각 영역이 각자 자기 역할을 하고, 그것들이 통합되면서 통일된 반응을 만들어요. 자극이 오면 반응하고 이에 맞춰 판단하고 의사결정과 행동을 하는 것이 대표적이죠. 사실, 그런 의사결정과 행동이 일어나는 과정에서 도대체 뇌에서 무슨 일이 일어나고 있는지를 정확히 알기는 어려워요. 왜냐하면 어떤 과정은 굉장히 충동적이고 파편화되어 있고 지속적이지 않아 보이니까요.

그런데도, 뇌가 결과적으로는 '자아'라는 통일된 주체를 지향하거든요. 그리고 그 자아는 특정한 성격, 특징, 선호가 있어요. 그래서 마치 그 자아가 상황 판단, 의사결정, 행동을 하는 것처럼 보이죠. 그 자아가 하는 일련의 모든 활동을 마음이라고 부르는 것이고요.

간단하게 정의해보면, 마음은 뇌가 몸을 통해 세상과 상호작용하면서 형성하는 것, 정도가 되겠네요. 가장 중요한 기관은 뇌죠.

이권우   앞에서 얘기한 우울증은 그 마음의 메커니즘에 문제가 생기는 거잖아요?

정재승　　외부에서 나한테 오는 물리적 힘, 스트레스가 있어요. 그걸 잘 방어해왔는데 어느 순간 더는 그걸 제대로 막을 수 없다는 무기력을 경험하게 됩니다. 그 무기력이 좌절감과 우울감을 만들어내고, 아무것도 하기 싫게 만들고, 또 미래에 대해 부정적으로 전망하면서 불안감을 야기합니다. 불안과 우울, 좌절과 무기력이 더 이상 일상생활을 불가능하게 만들 때 우리는 현상적으로 우울증이라고 부르죠.

이권우　　그런데 멀쩡하던 뇌가 왜 스트레스를 못 견디는 상태가 되나요?

정재승　　사실은 멀쩡했던 게 아니었던 거죠. 마치 굉장히 무거운 물체를 이 책상 위에 올려놓으면 한 동안은 이 책상이 그 무게를 버티지만, 어느 순간에는 못 버티고 부서질 수 있잖아요. 뇌에서도 외부에서 강한 스트레스가 주어질 때 평소에는 아무런 문제가 없었던 어떤 영역이 제 기능을 못 하는 순간이 생기죠. 그게 우울증이라는 결과로 나타나고요.

이권우　　그런데 스트레스는 무형의⋯ 심리적 압박이잖아

"간단하게 정의해보면,
마음은 뇌가 몸을 통해
세상과 상호작용하면서 형성하는 것,
정도가 되겠네요.
가장 중요한 기관은 뇌죠."

요. 그것이 도대체 어떻게 뇌를 그렇게 압박할 수 있는 거죠?

정재승   뇌에서 판단하고 평가하는 영역이 중요해요. 뇌는 반응하고 그에 대해 스스로 재평가를 하거든요. 예를 들어, 판단 영역에서는 다른 사람의 얘기를 들으면서 이해하려고 노력하고, 그 의도도 파악하죠. 그런데 그 다른 사람의 판단 체계를 내가 도저히 이해할 수 없을 때, 화도 내보고 다른 저항도 시도했는데 어느 것도 먹히지 않음을 확인할 때, 뇌는 무기력감을 느끼죠. 마치 전기 충격을 받는 것과 같은 압박을 받는 거죠. 재평가의 과정에서 부정적인 피드백을 받으면 뇌는 예전처럼 반응하지 않고 신경전달물질 체계가 붕괴되기도 합니다.

뇌가 마음을 설명할 수 있을까?

이권우   뇌과학과 정신의학의 관계는 어때요?

정재승   정신의학은 오랫동안 우울증이나 조현병 등 정신질환을 인문학적 방법으로 접근했었죠. 지크문트 프로이트

같은 방식이 대표적이죠. 주로 상담으로 문제를 해결하려고 했고요. 역설적이게도 프로이트는 당대 가장 과학적인 방법을 정신의학에 도입한 학자이지만요. 하지만 1960년대부터 변화가 생겼어요. 약을 먹었더니 발작하던 사람의 상태가 나아진 거예요. 조현병이나 우울증 치료제의 놀라운 효과에 제약회사의 엄청난 로비까지 더해지면서, 정신의학은 지난 50년간 신경약물학 패러다임으로 질환을 바라보고 있죠.

예를 들어, 조현병 치료제를 복용한 환자가 환청을 듣거나 환영을 보는 빈도가 현저히 줄어들고 망상이 사라지는 경험을 하게 된 거죠. 그러면 이제 더 이상 망상은 영혼의 문제가 아니라 생물학적 뇌의 문제라는 걸 알게 되는 거죠. 이렇게 뇌에 영향을 미치는 약으로 정신질환이 치료되는 사례가 쌓이자 결과적으로 이런 깨달음에 도달하게 되는 거죠. '이게 결국 다 뇌의 문제였네!' 더 나아가 '이게 다 뇌 속 화학물질의 장난이었어!'

이권우 　그럼 뇌과학을 공부하면 할수록 유물론자가 되겠네요?

정재승　제 주변의 여러 뇌과학자를 보면 그런 경향이 있는 것 같아요. 19세기까지만 해도 우리는 사랑도 측정할 수도 없고, 어떠한 정신 작용도 측정할 수 없었기에 그 배후에 비물리적 원인이 있을 것이라 믿었죠. 그러면서 '영혼'이라는 비물질적인 개념을 정신 현상을 설명하는 가설로 도입했죠. 하지만 결국 많은 정신 작용들이 생물학적 뇌의 작용 결과라는 뇌과학적 증거들이 쌓이고, 약을 먹으면 증상이 완화되는 것을 보면서 생각이 달라졌죠.

정작 약을 먹은 환자들은 "내가 약을 먹었더니 세로토닌 레벨이 바뀌어서 우울감이 해소됐네" 이렇게 말하지는 않아요. "왜 그렇게 됐어요?" 하고 물으면 "제가 긍정적인 생각을 하려고 노력했어요" 이렇게 답해요. 실제로는 약의 영향으로 좋은 생각을 할 수 있게 된 건데, 마치 자기 영혼이 그 변화의 주체인 것처럼 말하는 게 '영혼이 없다'라는 사실을 역설적으로 증명하는 것처럼 느껴지기도 합니다.

이런 과정을 거치다 보면, 결국 생물학적인 뇌로 모든 정신 활동을 설명할 수 있는 게 아닐까, 이런 결론으로 치닫게 되죠. 그럼, 훨씬 더 유물론자가 되는 거죠. 지구상에 살고 있는 사람들 중에서 어떤 이유에서든 영혼의 존재를 믿는 사람이 70퍼센트가 넘으니까 영혼을 믿지 않는 유물론자들이 소수파임에는 틀림 없고요, 뇌과학자들은 그 소수파들 중 하나입니다.

이권우　　내가 질문을 독점해서 미안해요. (웃음) 여기서 진짜 질문이 나옵니다. 명상은 어때요? 명상은 유심론적, 비물질적인 게 뇌에 영향을 끼친다는 거잖아요?

정재승　　아니요. 그렇지 않아요. 명상의 유심, 심리도 비물질적인 것이라기보다는, 뇌 활동에 영향을 미치는 일련의 행동 혹은 활동이거든요. 그러니까 비물질적인 게 뇌에 영향을 끼친다고 해석하기보다는, 명상은 뇌 작동에 특정한 방식으로 영향을 미치는 일련의 '물리적' 행위를 통해서 뇌를 다스리는 방법, 뇌와 몸의 상호작용을 조정하는 과정이 아닐까 생각합니다.

이명현　　20대 때 네팔에 간 적이 있어요. 그때 여행 도중에 돈을 다 써버렸어요. 어디서 돈을 빌릴지 고민하다가 그곳의 라즈니쉬 캠프를 찾아갔어요. 1980년대에는 전 세계적으로 오쇼 라즈니쉬 열풍이 대단해서 곳곳에 그의 이름을 딴 캠프가 있었거든요. 무턱대고 라즈니쉬교를 믿는 네팔인 친구와 함께 그곳에 가서 돈을 빌려달라고 얘기했어요. 놀랍게도 돈을 내줘요. 대신 명상을 배우는 조건으로요. 사이비종교가 포교하는 방식이어서 신경질이 났죠. 그래서 어깃장을 놓았죠. 그랬더니 일단 걸으면서 하는 명상, 즉 워킹 메디테이션을 일주일 배우면 돈을 빌려주겠다고 좀 더 구체적으로 제안했어요. 그때 하루 여섯 시간씩 걸으면서 워킹 메디테이션을 배웠어요. 외국에서 별스러운 경험을 다 한다, 하고서 까맣게 잊어버렸죠.

정재승　　그 경험이 어떤 좋은 결과를 낳았나요?

이명현　　2010년 11월에 심근경색으로 쓰러지고 나서 겨우 살았는데, 2011년 3월부터 아내가 뇌수술을 연달아서 다섯 번이나 했어요. 나도 환자였는데 아내 병수발을 하니까 정신이 없더라고요. 정신적, 육체적으로 힘들다 보니 갑자기 예전에 배웠던 명상이 생각났어요. 그때 네팔에서 일주일 동안 배웠던 명상을 다시 해보니 되더라고요.

그 뒤로 한 2년 정도 명상했죠. 아주 힘든 시간을 버티는 데
에 분명히 도움이 됐어요. 그러고 나서 또 안 하게 되더라고
요. 최근에 친구인 김주환 교수의 책《내면 소통》(인플루엔셜,
2023) 출간을 축하하느라 오랜만에 만났어요. 그 친구가 적
극적으로 명상을 권하더라고요. 그래서 다시 해보고 있어
요. 그런데 김 교수가 그러더라고요.

라즈니쉬 캠프에서 일주일 동안 집중적으로 명상 수업을
받는 데 수업료만 수천 달러래요. 그런데 그걸 돈을 받고서
(빌리고) 교육받았으니 정말로 운이 좋았던 거라고. (웃음)

이권우　　명상이 뇌에 어떻게 영향을 끼치는 거예요?

정재승　　우리가 숨을 깊게 들이마시고 호흡을 고르면 마
음이 안정되잖아요. 호흡은 우리가 자발적으로 조절할 수
있는 거의 유일한 신체 장기 활동이에요. 그런데 이것이 뇌
에도 신호를 보내고 뇌 활동에 영향을 미쳐요. 이렇게 폐호
흡이 어떻게 뇌에 영향을 미치는가 같은 뇌-몸 상호작용
(brain-body interaction)이 요즘 뇌과학계의 가장 중요한 연구주
제 중 하나입니다. 뇌가 몸과 어떻게 상호 작용하는지를 파

고드는 학문 분야이지요.

최근 KAIST 명상과학연구소에서는 두 명의 교수를 뽑았어요. 그중 한 분이 박형동 박사님이신데, 뇌가 어떻게 호흡을 조절하는지 그 신경 기작을 탐구하는 학자세요. 결국 명상도 절반은 호흡이거든요. 그런데 왜 가쁘게 호흡하면 불안해지고 깊이 숨을 쉬면 안정화가 되며, 우울증이나 공황장애가 생기면 왜 호흡이 가빠지는지 우리가 아직 잘 몰라요. 호흡과 뇌를 다스리는 연구를 깊이 파고들면 명상의 본질에 작은 실마리를 얻지 않을까 생각됩니다.

이권우   그걸 미국과 유럽 과학계도 인정하고?

강양구   명상 과학은 그쪽의 연구 성과가 훨씬 많아요.

정재승   맞아요. KAIST 명상과학연구소를 맡고 나서부터 저도 최신 명상 연구를 공부하고 있어요. 무척 재미있더라고요. 우리 뇌는 본질적으로 미래를 예측하도록 만들어진, '예측 기계(Prediction machine)'예요. 끊임없이 미래를 예측하다 보니까 안 해도 될 걱정을 하거든요. 미래를 예측하려다 보니 과거의 기억을 끄집어내면서 자꾸 후회하고.

'이렇게 할 걸, 저렇게 할 걸' 하면서 과거에 갇혀 있다 보면, 생산적으로 현실 인식에 써야 할 자원을 과거와 미래를 고민하는 데에 낭비해요. 과거의 후회에 갇혀 있거나, 오지 않은 미래의 걱정에 갇혀 있거나. 그리고 정작 현재의 정보를 포착하고 해석하는 데에는 인지적 자원을 거의 사용하지 않는다는 게 문제예요.

그러니까 우울증에 걸리거나 불안장애가 있을수록 현재를 살고 있지 않아요. 명상이 하는 일은 과거 후회, 미래 걱정을 뇌에서 걷어내고 현재 내 몸과 마음 상태에 생각을 집중하는 겁니다. 뇌가 현재의 내 몸을 훑으면서 '지금'의 감각에 집중하는 거죠. 내 마음을 조용히 들여다보려고 하고요. 뇌과학자로서, 이게 바로 명상의 본질이라고 느껴져요.

이권우　뇌를 '지금'에 집중하도록 하는 게 호흡으로 가능해요?

정재승　어느 정도 그래 보여요. 호흡을 의도적으로 조절하는 과정은 내 몸 상태에 집중하는 데 도움을 주더라고요.

하지만 호흡은 아마도 명상의 시작일 뿐, 도달해야 할 길이
더 길고 깊겠죠.

강양구　　명상이라고 하는 행위 자체가 중요한 거고, 그 행
위도 사실은 전적으로 유물론적인 행위죠.

정재승　　명상 과학이 크게 발전하게 된 중요한 계기가 지
난 20년 전에 있었어요. 깊은 명상 상태에 이른 승려들의 뇌
를 찍을 수 있게 되었던 것이 바로 그 계기에요. 이렇게 명
상을 과학적으로 연구하게 된 데에는 티베트 불교 달라이
라마의 역할이 매우 중요했어요. 20년 전 미국신경과학회
연례학술대회에 달라이 라마가 참석해 뇌과학자와 대담을
하면서 '명상의 과학적 탐구에 적극 협조하겠다'고 선언했
었거든요. 그 후 하버드대학교에 명상과학연구소가 설립되
고 티베트 불교 승려들이 실험 참가자로 참여해 명상 상태
를 정교하게 측정할 수 있게 되면서 명상과학이 비약적으
로 발전하기 시작했죠. 여기에 덧붙여, 독일 막스플랑크 사
회신경과학연구소의 유명한 심리학자이자 신경과학자 타
니아 싱어(Tania Singer)가 대규모 승려 연구를 주도하면서 더

욱더 힘을 받았죠.

정말 흥미로운 것은 대가들을 만나 뇌과학의 미래를 전망해달라고 하면, 다들 명상 연구를 언급해요. 대가들이 '명상 연구를 해야 해', '명상 상태를 규명하는 것이 진짜 중요해', '의식의 본질을 탐구하려면 명상에서 출발해야 해' 이런 얘기들을 해요. 명상 연구 특히 명상과 뇌의 관계는 뇌과학에서 앞으로 남아 있는 미지의 영역 가운데 하나입니다. KAIST 명상과학연구소에서도 중요한 연구 성과가 나오길 기대하고 있습니다.

명상 상태에 관해 현재까지 밝혀진 사실을 단순하게 설명해보면, 우리 뇌에는 '디폴트 모드 네트워크(Default mode network)'가 있어요. 아무 생각을 하지 않고 가만히 있어도 뇌의 특정 영역들이 활성화되어 있는데, 그 신경 네트워크를 그렇게 불러요. 그런데 이 상태는 도대체 뭘 하고 있는지 들여다보면, 내가 지금 어떤 몸과 마음 상태인지를 계속해서 모니터링하면서, 외부에서 어떤 과제가 주어질 때 즉각적으로 그 일을 수행할 수 있도록 준비하는 상태라고 여겨져요. 그러니까 우리 뇌는 가만히 있는 상태에서도 다음 상황을 준비하느라 가만히 있지 못하는 상태인 거죠.

살아 보니, 지능

강양구　　비유하자면, 전자제품의 대기전력 모드.

정재승　　정확합니다. 이렇게 디폴트 모드 네트워크 상태 때는 과제를 수행하는 뇌 영역은 평소보다 활성화 정도가 더 줄어들어 있어요. 그러다가 어떤 일을 실제로 시작하게 되면 그 부분의 활성이 현저히 올라가겠죠.

이명현　　우리가 마감할 때 그 상태에 도달하잖아요. (일동 웃음)

이권우　　신이시여, 제가 쓴 게 맞습니까! (웃음)

정재승　　맞아요. 그런데 명상은 어떤 상태를 유도하는지 아세요? 신기하게도 디폴트 모드 네트워크와 과제를 수행하는 부분의 활성이 동시에 줄어드는 거예요. 명상을 처음 시작할 때는 디폴트 모드 네트워크가 일시적으로 올라가요. 왜냐하면, '나'를 모니터링하는 데에 집중하니까요. 그러다가 '나'를 생각하는 뇌 활동조차도 줄어들기 시작하면서 디폴트 모드 네트워크 활동도 줄어드는 거죠.

그래서 '외부'의 자극에도 신경 쓰지 않고, '나'에게조차도 관심이 없는 상태를 유발하는 거예요. 성직자나 명상가가 '자기를 비우라'고 말하는 상태가 딱 그런 상태예요. 외부에도 나에게도 개의치 않으니 역설적으로 세상과 내가 일치하는 것과 같은 상태를 경험하는 것입니다. 이게 현재까지 과학자가 밝힌 '명상했을 때 뇌에서 일어나는 일'이에요.

이권우　　우울증을 앓는 사람이 명상하면 왜 도움이 되는 거예요?

정재승　　우울증의 가장 큰 문제가 과거에 대한 복기와 후회, 미래에 대한 부정적 전망이잖아요. '살아봤자 더 나아질 기미가 안 보인다.'

이권우　　결국 극단에 가면 자살 충동으로 이어지죠.

정재승　　미래에 대한 부정적인 전망. 타인이 나를 안 좋아할 거라서 도와주지도 않을 거고, 안 좋게 얘기하고 다닐 거고. 또다시 그런 일이 생길 것 같은 불안감. 과거에 내가 했던 일에 대한 후회. 또 그런 후회가 현재의 자존감을 떨어뜨리고. 결국 뇌에서 과거와 미래가 현재의 나를 괴롭히기 때문에 생기는 문제거든요.

강양구　어떤 비교 연구에서는 명상이 우울증 치료제 같은 약을 먹는 것보다 효과가 더 낫거나 비슷하다고도 하던데요.

정재승　맞습니다. 특히나 약으로 치료가 어려운 환자들에게 각별한 효과가 발휘되기도 하고, 아예 약을 먹지 않고 명상으로 우울증을 치료하려는 사람들이 늘고 있죠. 어림짐작해보면, 약을 통해 우울증이 치료되는 비율은 30~40퍼센트 정도, 거의 3분의 1 정도예요. 다시 말해 3분의 2는 약을 먹어도 해결이 안 되는 거죠. 물론 정신분석을 바탕으로 한 상담, 그 프로이트식 접근의 치료율은 5퍼센트 정도에요. 그래서 현대 정신의학에서 상담은 꼭 필요하지만, 그렇다고 치료에 결정적이진 못 하죠.
정신질환에는 약물과 인지행동치료 등 다양한 접근이 필요한데, 명상은 약으로 치료가 안 되는 사람들에게 효과가 있어요. 그러니까 약 먹는 사람이 명상까지 하면 더 치료 효과가 있을 수 있죠. 그런데 제가 명상 프로그램에 3일 동안 참여해보니, 디지털 디톡스도 되고 마음이 평화로워지더라고요. 꼭 우울증 치료가 아니더라도 현대인 누구에게나 도움이 될 것 같습니다. 환갑 기념 60시간 명상 권해드립니다. (웃음)

이권우　한국 사회에서 명상의 효용을 알려야 하지 않나요? 우울증 앓는 젊은 세대가 많은데 약뿐만 아니라 명상도 효과적인 치료라는 걸.

강양구　한국에서는 명상에 거부감이 있죠. 명상을 종교 수행법과 동일시하기도 하고, 실제로 사이비종교 비슷한 곳에서 명상을 권하면서 이득을 취하기도 하니까요.

정재승　맞습니다. 많이들 명상과 종교를 결부시키는데, 모든 종교가 어떤 방식으로든 명상과 유사한 행위를 강조하고 있긴 하지만, 종교가 아니더라도 명상을 강조하는 문화는 아주 오랫동안 있어 왔거든요.

그래서 KAIST에서도 아주 조심스러워요. 혹시나 종교시설로 오해하지 않을까 해서요. 특히나 명상과학연구소 소장님이 영국 옥스퍼드대학교에서 종교학 법전연구로 학위를 받으신 학자이시긴 하지만, 현직 스님이시기도 하거든요. 그러니까 'KAIST에 왜 종교인이 연구소장을 맡느냐' 하면서 지적도 하고요. 명상과학연구소에 종교적 활동은 일절 없음에도 불구하고요.

제가 연구소 운영을 책임지게 되면서, 명상과학연구소에서 교수를 임용할 때에도 외국인을 포함해서 정말 훌륭한 학문적 연구 성과가 있는 과학자를 채용하려고 하는 것도 그런 사정 때문이에요. KAIST 명상과학연구소의 성패는 명상 연구를 과학계에서 인정하는 과학 연구 방법론으로 제대로 진행하고 있다는 걸 보여주고, 또 탁월한 연구성과를 도출해 학문적 신뢰를 얻는 것에 달려있다고 생각합니다.

이권우 　잘됐으면 좋겠어요. 우울증이 앞으로 정말 심각한 문제가 될 거예요.

정재승 　감사합니다. 우울증이 정말 엄청나게 심각해요.

제가 느끼기에도 최근에 코로나19 상황을 겪으면서 경험적으로는 유병률이 한 3배쯤 늘어난 것 같아요. 안타까운 일이지만, 미래 세대에는 틀림없이 우울증, 불안장애 같은 정신질환이 더 많아질 거예요.

당연히 정신건강의학과에서 진료받고 약으로 치료하는 일에 거부감도 없어야 하고, 또 과학에 기반을 둔 새로운 치료법도 나와야죠. 그런데 무엇보다도, 우울증을 포함해 불안장애를 앓는 환자들이 운동, 산책, 명상 등을 통해 몸을 더 많이 쓰면서 뇌건강도 증진하는 기회가 되었으면 좋겠어요. KAIST 명상과학연구소가 SK 최창원 부회장님의 기부로 설립되었는데, 그분 평소 지론이 "대한민국 국민의 30퍼센트가 명상을 하면, 우리 사회는 훨씬 더 행복하고 성숙한 사회가 될 것이다"예요. 공감이 가는 말씀이죠.

우정을 위한 '최소주의'

정재승 끝으로, 이번 환갑 이벤트의 핵심 주제인 '우정' 이야기를 나눠보겠습니다. 인간에게 나이 들어 가장 중요한 행복 조건 중 하나가 '가까운 친구들과의 우정'입니다.

세 선생님께 있어서 우정은 어떤 의미인가요? 이 우정을 지탱하게 해주는 것이 무엇인가요?

이권우 　우정이 노년 초입의 삶에 결정적으로 도움이 돼요. 특히 우울한 일이 많은데 건강하게 이겨내는 데에 도움이 됩니다. 우리 우정이 지켜질 수 있던 건 최소주의? 이게 아주 큰 미덕이에요. 우리는 항상 관계에 있어서 최대주의를 기대하죠. 그런데 서로 기대가 과도하면 그 관계를 지속하기 어려워요.

그냥 아주 기본적인 것만 지키면 우정을 유지할 수 있어요. 공자의《논어》를 보면 친구에게 권해도 듣지 않으면 조언을 끊으라고 해요. 조언해도 듣지 않는데 계속해서 조언하면 관계만 나빠지니까 아예 그러지 말라고 충고한 거예요. 그런 점에서 여기 이명현, 이정모 선생님은 합리적이고 조언 같은 것도 안 해요. 나만 오버하는 스타일이고요. (웃음)

강양구 　최대주의는 '도원결의' 이런 거죠?

이권우 　그런 거죠. 뜻을 같이하고, 목숨을 같이하는. (웃음)

강양구　"한시에 태어나지는 못했지만 한시에 죽자!" 이런 느낌. (웃음)

이정모　나는 한시에 죽을 생각은 없고, 먼저 죽으면 이분들 장례는 정말 성대하게 치러줄 거예요. (일동 웃음)

이명현　누군가는 먼저 죽겠죠. 장례를 보고 싶은 욕심이 생기네요. (웃음)

이권우　아, 내가 제일 먼저 가줄게요. 걱정하지 마요.

정재승　'이 우정 오래 못 간다'에 만 원을 걸겠습니다. (웃음)

이권우　올해로 끝이에요. (웃음)

정재승　그런데 이명현 선생님, 장례를 보고 싶은 욕심은 어떤 맥락이에요? 친구들이 세상을 떴을 때 세상의 반응이 궁금하다는 뜻인가요? 친구들의 마지막을 성대하게 치러주고 나도 마무리하고 싶다는 뜻인가요?

이명현   그런 게 아니라 그냥 호기심이에요. 내가 이들의 장례식장에 가서 어떤 느낌과 생각이 들지 상상이 안 되어서요.

강양구   아, 이들을 떠나보냈을 때 느낌?

이권우   안 좋아요. 다음 차례가 나구나, 이러면서 마음만 안 좋을 텐데요.

이명현   우리 우정은 방금 말한 대로 적당한 거리가 중요하죠. 우리는 항상 이상적 관계를 열망하니까, 모든 것을 같이 해야 하는 그런 관계를 꿈꾸죠. 연인, 부부, 친구도요. 그런데 현실적으로 그런 관계가 없잖아요. 관계가 기대에 미치지 못하면 섭섭함이 쌓이고, 서운함으로 바뀌고. 그러다 '나는 이렇게 하는데 너는…' 하는 마음이 생기고요. 그런 관계가 오래갈 리 없죠.

오히려 거리감이 적절하게 유지될 때, 상대방을 존중할 수 있어요. 가깝다고 느끼면서 함부로 하고, 가깝다는 핑계로 무리하게 요구하고. 그런 점에서 우리 셋은 비슷해요.

이정모　　우리가 20년 친구지만, 늦게 만났어요. 마흔 살쯤에 만났어요. 처음에는 서먹서먹하고, 한동안 예의도 지켜야 했고. 나는 시작점이 그랬기 때문에 우리가 오랫동안 좋은 관계를 유지할 수 있었다고 생각해요. 고등학교나 대학교 때 만났다면 20년 동안 이렇게 자주 만나면서 분명히 기대하고 실망하고 헤어지고 이런 일이 생기지 않았을까요. 솔직히 말하자면, 이 두 분과 계속 친구 관계를 유지하는 데에는 기본적으로 측은지심이 깔려 있죠. (일동 웃음) '내가 아니면 누가…', '가까이서 지켜줘야지' 이런 마음이 들거든요. 내가 제일 오래 살아서 장례를 치러주려는 것도 장례식에 갔는데 누군가 이분들을 오해하면서 옥신각신할 때 내가 오해도 풀어주고 정리도 해주려고 그러는 거예요. (웃음)

정재승　　처음 만났을 때부터 서로 좋았어요?

이명현　　이정모 선생님과 처음 만난 이야기가 재밌어요. 그때 내 고등학교 친구가 출판사 사장이었어요. 그 출판사에 들렀는데 이정모 선생님이 거기서 《해리포터 사이언스》 기획안을 만들고 있었어요. 출판사 사장 친구가 나한테 그 기획안을 보여주면서 검토를 부탁해서 봤는데 '이게 책이 되겠냐?' 했죠. 그런데 나중에 엄청나게 많이 팔렸어요. (웃음) 그러다 어느 날 이정모 선생님과 또 다른 또래 친구까지 합류해서 넷이서 술을 마셨어요. 또래 친구 넷이 어울리니 얼마나 재밌겠어요. 그런데 중간에 출판사 사장 친구는 일 있다고 가버리고 남은 사람끼리 1차, 2차, 3차 이렇게 늦게까지 마셨는데 나는 또 지갑을 안 가지고 나왔네요? 결국 그날 술값을 모두 이정모 선생님이 냈어요.

이정모 그때 내가 한 달에 100만 원 벌 때였거든요. 그런데 1차고 2차고 술값 계산할 때만 되면 이 인간들이 사라져요. 아직도 그날의 수모를 기억하고 있어요. (웃음)

이명현 아니, 그렇게 첫인상이 안 좋았는데 어떻게 우리가 친해졌지? (웃음)

정재승 이권우 선생님은 두 분과 어떻게 만나셨어요?

이권우 나는 강양구 기자 때문에 만났죠.

강양구　　아, 나는 이명현 선생님을 학부 마지막 학기 교양 수업 선생님으로 만났죠. 기자 생활하기 전에 잠깐 출판사에서 편집자로 일할 때 기획 조언을 구하면서 인연이 이어졌거든요. 그러다 이명현 선생님께서 '우리 밥이나 먹어요!' 하면서 가끔 밥도 먹고 술도 마시며 어울리는 사이가 되었는데 그때 이정모 선생님을 뵈었어요.

그러다 이권우 선생님과는, 원래 명성만 듣고 흠모했었는데, 정재승 선생님도 같이했던 APCTP의 과학문화위원을 함께 하면서 친해졌죠. 그러면서 자연스럽게 세 분이 동시에 어울리는 자리도 몇 번 마련되었죠. 그리고 어느 순간부터 나 빼고 세 분이서 노시더라고요. (웃음)

이정모　　내가 독일에서 유학하고 있을 때 이권우 선생님이 〈출판저널〉 편집장이었어요. 나한테 유럽 출판에 관한 원고 청탁을 했어요. 꼬박 1년 동안 매달 한 번씩 원고를 썼어요. 그때 이권우 선생님께서 원고를 꼼꼼하게 수정해줬는데, 내가 많이 배웠어요. 그러니까 이권우 선생님은 나한테 글쓰기 선생님이자 어려울 때 용돈벌이까지 하게 해준 은인이죠.

귀국하고 나서, 이권우 선생님과도 함께 알고 지내던 지인이 일산에 살았는데 그 인연으로 셋이 오리고기를 먹으면서 처음 만났던 걸로 기억해요. 확실한 건 그때는 내가 돈을 내지 않았어요. (웃음) 그러다 이권우 선생님하고는 안양대학교에서 교수로 같이 일하게 되었죠. 그때 많이 친하게 지냈어요.

이명현 그렇게 한 명 한 명, 서로 서로 연결된 거죠.

정재승 그래서 세 분에게 우정은 노년의 건강과 삶의 질에 직접적인 영향을 미쳤습니까?

이권우 그런 셈이죠. 아직은 노년의 시작이니까 더 지켜봐야죠. 좋은 소셜네트워크가 건강에 도움이 된다는 믿음은 분명히 있어요. 앞으로 잘 살 것 같다는 느낌이요.

이정모 20년간 예의를 지키면서 지냈고, '앞으로도 그래야지' 하고 생각해왔어요. 그런데 올해(2023년) 들어서 일주일에 세 번씩 만나고 그러니까 경계가 너무 허물어지고 그래서 걱정이에요.

이명현   우리 관계가 또 독특한 면이 있잖아요. 관계의 매개 고리에 책이 있다는 것.

이권우   한국 사회에서 드문 일이죠. 책!

이명현   어릴 때 친구를 지금 만나도 서로의 관심사에 따라서 분화해요. 당구팀, 골프팀은 안 가게 되고, 건강 때문에 술을 안 마시니까 음주팀과도 소원해지고. 친했던 친구들 가운데도 공통 화제가 없으니 자주 안 보게 되고. 그 친구의 관심사를 맞춰주기에는 에너지가 달리고. 이러다 보니까 요즘에는 이 두 분과 어울릴 때 편해요.

잘 떠나보내고, 잘 떠나길 바라며

정재승   정말 마지막 질문입니다. 아마 올해 내내 고민하신 질문이지 않을까 싶습니다. 앞으로 남은 '인생의 3분의 1'을 어떻게 살 계획인가요? '남은 인생 3분의 1'의 시간 동안 자신의 지성(뇌)을 어떻게 쓸지 구상을 들려주세요.

이명현　　앞에서 얘기한 대로 로컬에서 대면에 집중하고, 소규모 사람들과 밀도가 높은 일을 해보고 싶어요. 예를 들어 '갈다'에서 책 읽기 모임을 함께 하고 또 그 사람들과 친교를 나누는 일이요. 그게 나의 비전이기도 하지만, 우리 세대, 나아가 노인 세대가 해야 할 일이라는 생각도 하고 있고요.

이권우　　나는 '잘'에 집중하고 싶어요. 영어로는 웰(well)! 잘 보내드리고, 잘 독립시키고, 잘 떠나고. 잘 보내드리는 건 연로하고 편찮으신 어머니. 잘 독립하게 돕고 싶은 건 딸. 잘 떠나는 건 나. 이 셋을 잘하는 게 지금 나의 가장 큰 목표입니다. 그런데 이게 하면 할수록 만만치 않아서 우울해요.

얼마 전 신촌 세브란스병원에서 어머니가 사흘간 입원해 계셨어요. 코로나19 때문에 간병인 구하기도 어려워서, 내가 어머니를 돌봤어요. 그런데 아들이라서 어머니가 돌봄 받는 데에 어려움이 많은 거예요. 당장 화장실을 모시고 가

"나는 '잘'에 집중하고 싶어요.
잘 보내드리고, 잘 독립시키고, 잘 떠나고."

야 하는데 어머니가 아들을 불편해하는 거죠. '잘'이 쉽지
않아요.

이정모　　독일에서 영주권 나오기 직전에 귀국한 게 장모
님 때문이에요. 장모님께서 편찮으셔서 병원 전전하시다
결국 집에서 돌봐야 하는 사정이었거든요. 장인어른께서도
사업 그만두고 장모님을 정말 성심성의껏 돌봤어요. 그런
데 어느 날 침대에 누워 있는 장모님 얼굴에서 멍을 발견했
어요. 장인어른이 참다 참다 힘드니까 화가 나서 심하게 대
한 거죠.

그래서 내가 하루 장모님을 모실 테니 장인어른을 포함해
서 다른 가족에겐 모두 쉬기를 권했죠. 그런데 딱 하루를 모
시는 데에도 정신을 못 차리겠더라고요. 목욕도 시켜드려
야 하고, 대변도 보게 해드려야 하고. 아, 사위 앞에서 장모
님은 얼마나 민망하실까, 자기 자존감이 얼마나 훼손되었
을까, 이런 생각이 들었죠.

아, 앞으로 내가 늙어도 그런 상황은 안 만들고 싶어요. 건
강해야겠고, 심각한 문제가 생기면 가족에게 폐를 끼치지
않고 지낼 수 있도록 준비해야겠다, 이렇게 마음먹었어요.

일반화하기는 어렵지만, 윗세대는 못했지만 우리 세대는 이제 그런 준비를 해야 한다고 생각하고, 할 수도 있어요.

정재승　은퇴하고 나서 계획은요?

이정모　한 3년 정도는 다양한 곳에 사는 다양한 계층의 사람을 만나서 강연이든 다른 형태로든 접점을 만들고 싶어요. 3년쯤 지난 다음엔 지역에 집중하고 싶어요. 내가 살고 있는 곳. 어디 멀리 다니기 점점 힘들어지더라고.

강양구　출마 선언인가요? (일동 웃음)

이정모　내 또래의 노인들, 그리고 아이들. 이들과 함께 같이 이야기하고 놀 수 있는 정도면 되지 않을까요? 우리 동네에서요.

정재승　AI가 발달하고 그럴 텐데, '내가 죽기 전에 이거는 보고 싶다' 이런 거 있으세요?

이정모　어차피 AI와 로봇은 엄청나게 발전해요. 이렇게 발전할 거면, 내가 죽기 전에 하루 세 시간만 노동해도 먹고 살 수 있는 세상을 보고 싶어요. 우리가 AI와 로봇에 일자리를 빼앗기는 게 아니라, 우리가 그것들을 활용해서 노동시간을 줄이는 방향으로요. 마르크스나 케인스가 얘기했듯이 그렇게 남은 시간에 우리는 즐거우면서도 창의적인 일을 하고요.

그런데 그런 세상이 그냥 가능하지는 않겠죠? 그러려면 지금보다 더 강고한 민주주의가 필요해요. 우리가 플랫폼의 지배를 받는 세상이 아니라, 선출 권력이 플랫폼을 지배하는 그런 세상이요. 민주주의가 강화된 시대에 우리가 과학기술을 선하게 사용하는 그런 모습을 보고 가면 좋겠어요.

이권우　나는 AI와 로봇이 세상을 나쁘게 만들 것 같아서 불안한데. 이정모 선생님은 현실 가능성은 어떻게 봐요?

이정모　나는 가능하다고 생각해요.

이권우　철없는 낙관주의자 같으니라고. (웃음)

이정모　　일단 낙관주의가 필요해요!

이명현　　2050년대 중반쯤 띄우려고 계획하는 '스타 샷' 프로젝트가 있어요. 태양광을 받아서 움직이는 우주 돛대를 단 손톱만 한 송수신 장치를 얹은 작은 우주선 수천 대예요. 종잣돈이 1200억 원입니다. 태양계에서 가장 가까운 외부 항성계가 4.3광년 떨어져 있는 프록시마 센타우리예요. 바로 이곳으로 수천 대의 우주선을 보내는 프로젝트예요.
일단 수천 대를 보내니까 그 가운데 수백 대는 프록시마 센타우리에 도착하겠죠? 그럼 그 수백 대가 프록시마 센타우리 항성계를 사진 찍어서 지구로 전송하겠죠. 그 사진을 죽기 전에 보고 싶어요. 운이 좋으면 2060년대쯤에 사진 몇 장은 전송받을 수도 있을 텐데요. 그럼 내가 몇 살이지?

강양구　　2060년이면 97세! 오래 살기로 작정하셨군요. (웃음)

이정모　　그 소망을 이루려면 이명현 선생님이 제일 오래 살아야겠다. (웃음)

이명현   그러니까. 내가 오래 살겠다고 했잖아요. (웃음)

강양구   이명현 97세! 이권우 75세! 이정모 70세! 내가 다 기억할 거예요. (웃음)

정재승   세 분의 예순을 곁에서 함께 바라보면서, 인생의 다음 단계로 담대하게 탐험을 떠나는 탐험가의 모습이 떠올랐습니다. 어떤 세상이 오더라도 60년의 경험으로 잘 헤쳐나갈 것 같은 믿음, 그럼에도 불구하고 새롭게 맞이하게 될 '인생 3분의 1'에 대한 강한 지적 호기심, 하지만 크게 기대하지 않고 차분하게 내 역할을 수행하겠다는 구도자의 마음까지. 이런 모습의 환갑이라면 저도 기꺼이 예순을 맞이할 용기가 생긴, 그런 유쾌한 대화였습니다.

그리고 이 모든 것들을 세 분 선생님들에게서 발견할 수 있었던 건 역시나 '책 읽는 지성인들'이었기에 가능했던 것 같아요. 자신의 뇌를 골고루 한껏 사용한 자의 환갑은 얼마나 아름다운가! 살아 보니, 결국 '지능'이었네요. (웃음) 인공지능 시대, 남은 인생을 '인간'지능으로 '인공'지능과 행복한 공생 하시길 기원합니다. 그리고 선생님들의 지능으로 얻

은 지성적 성찰을 다음 세대에게 더 많이 남겨주세요. 오늘
처럼요.

삶의 귀한 조언들을 나누어주셔서 진심으로 감사합니다.

"공감과 배려, 우정도 지능이다.
타인의 마음을 읽으려는 태도,
헤아려 행동하려는 노력이
곧 지능인 것이다."

닫는 글

비로소 늙어감의 의미와 가치를 묵상하였노라

이권우 도서평론가

"환장하겠네, 내년에 환갑이란 말인가!"

2022년 여름이 끝나갈 무렵, 인터넷에서 자료를 조사하다가 불현듯 내 환갑이 언제인가 궁금해서 검색했더니, 이듬해 그러니까 2023년이라고 나왔다. 순간, 의심했다. 아니 내가 벌써 환갑이라니. 계산이 잘못된 것 아닌가 싶었다. 그래서 이곳저곳 들락거리며 확인해보았으나 모두가 한결같았으니, 빼도 박도 못하고 다음 해가 환갑이라는 사실을 받아들이고 말았다. 그때 속 깊은 곳에서 터져 나온 외침이 환장하겠네, 였다.

정말 예상하지 못했다. 벌써 환갑이 다가오리라는 사실을. 물론 심상찮았다. 심심찮게 문자나 카톡으로 선배나 동료의 부고장이 날아왔다. 늙는 것은 물론이고 이미 죽음의 아가리에 머리통을 집어넣은 형국이었다. 그럼에도 아직 세상사에 치여 사느라 미처 나이 들어가는 낌새를 알아채지 못했다. 황당하거나 억울할 일은 아니다. 이 나라에서 태어나 이만큼 살아냈다면, 한편으로는 부끄러운 일이요 다른 한편으로는 엄청난 행운이다. 험난한 현대사에서 정의를 위해 스스로 목숨을 던졌던 이들이 선배요 친구였다. 그런데 나는 참혹한 현실에서 고개를 돌려 살아남았다. 살아남은 자의 부끄러움으로 무언가 우리 사회에 이바지하고자 했으나, 내세울 만한 것이 무에 있겠는가. 주변에 병으로 사고로 안타깝게, 어떤 때는 어처구니없이 목숨을 잃는 이들이 많은데, 아직 건사하니 복이로다. 살아오면서 행운을 누린 적이 있다고는 생각해보지 않았는데, 되돌아보니 엄청난 복을 누린 셈이다.

의기투합했다. 정모랑 명현이랑. 야, 우리가 내년에 환갑이라는데 이 환장할 노릇을 어떻게든 좋게 풀어 가보자 했고, 그래서 세 명의 성이 똑같이 이씨라는 점에 착안해 '환갑삼이(還甲三李) 전국 투어 토크쇼'를 기획했다. 거기에는 나름대로 뜻이 있었다. 각자 전공이 다르고 하는 일이 같지 않으나 공통점이 있으니 책을 읽고 쓰면서 살아왔고, 그 덕에 이곳저곳 불려 다니며 강연을 해 생계를 유지했다. 그러니 이번 기회에 감사한 마음을 전하고 싶었다. 책을 사주고 팔아주고 알려준 분들한테, 그 많은 저자 가운데 굳이 우리를 불러 강연 기회를 주었던 분들한테 말이다.

서로를 더 잘 알아보고 싶어서이기도 했다. 아무리 친구라지만 '불알'친구가 아닌 마당에 속 깊은 인생사를 두루 알 수는 없다. 어찌 보면 하나로 어우러질 만한 공통점이 없는 이들끼리 친구가 된 면이 있다. 이곳저곳 떠돌아다니며 떠들썩하게 밥 먹고 술 마시며 얘기하다 보면 살아온 이력을 더 잘 알게 될 터였다. 그리고 삶의 굵은 한마디를 매듭지어보고 싶었다. 어떻게 살아왔고 어떤 실패를 했고 무엇을 얻었으며 그래서 어떤 깨달음이 있었는지, 그리고 앞으로는 어떤 삶을 살 건지 혹은 살아야 하는지 톺아보고 고민하는 기회로 삼고 싶었다. 2023년은 그래서 행복했다. 많은 분이 우리의 뜻을 알아주어서 여기저기 불려 다녔다. 토크 내용은 유튜브에 올랐고 같이 방송에도 나갔고 신문에 보도도 되었다. 유사 이래 환갑맞이를 이토록 떠들썩하게 한 사람은 우리가 처음 아닐까 싶다.

요란하게 환갑을 맞이하며 새삼스럽게 깨달은 게 있으니, 우리가 늙어감의 의미와 가치를 이미 알고 있는 것이 아니라 이제 비로소 고민하고 사유하게 되었다는 점이다. 하긴 환갑을 맞이할 나이란 사실도 화들짝, 놀라며 알았으니 나이 먹는다는 것의 의미가 무엇인지 곱씹어볼 여유가 어디 있었겠는가. 틈틈이 그동안 읽은 책을 떠올리며 묵상했다. 정말 나이 먹는다는 것은 무엇이며, 어떻게 먹어야 아름다운 노년의 삶이 될 수 있을까 하고 말이다.

가장 먼저 떠오른 책은 플라톤의 《국가》다. 이 책은 정의(正義)란 무엇인가를 주제로 내세웠다. 그런데 흥미로운 대목은 이 주제를 끌어내는 과정에서 노년의 삶을 정의(定義)하는 내용이 나온다는 점이다. 피레우스에서 열린 벤디스 여신을 기리는 축제에 참여했던 소크라테스는 그 지역의 유지인 케팔로스를 만나자마자 특유의 질문 공세를 펼친다. 다짜고짜 노년의 길이 거칠고 어려운지, 아니면 쉽고 순탄한지 물었다. 케팔로스가 대답하기를, 대개의 노인은 성생활과 음주, 그리고 잔치 같은 즐거웠던 삶을 그리워하며 마치 무언가 큰 것을 빼앗긴 듯 한숨지으며 일상을 살아간단다. 더욱이 가족 구성원이 노인네를 존경하지 않아 이래

저래 늙음은 삶의 재앙이라 여긴다고 말했다. 그런데 정작 케팔로스는 시인 소포클레스의 말을 인용해 늙으면 욕망이 극성을 덜 부리니 이는 마치 미치광이 주인한테서 해방된 즐거움에 맞먹는다고 말하면서, 자신은 다른 이들과 달리 자유로운 데다 안정마저 얻었다고 큰소리친다.

　한번 대화의 물꼬를 트면 좀체 그 기회를 놓치지 않는 소크라테스는 재차 묻는다. 당신이 여유로운 노년을 보내는 것은 재산이 많아서가 아니냐고. 케팔로스는 즉각 수긍했다. 아무리 훌륭한 사람이라도 가난하면 노년의 삶을 견뎌내기 어려울 거라면서, 부자이더라도 나쁜 사람이라면 반드시 안정된 삶을 사는 것은 아니라고 주장한다. 이에 소크라테스가 재물이 많으면 무엇이 가장 큰 이득이냐 물었다. 케팔로스는 에둘러 말한다. 나이 들어 머지않아 죽는다고 생각하면 두려움과 걱정이 엄습한단다. 이승에서 저지른 잘못 탓에 저승에 가서 벌을 받을까 두려워서다. 나쁜 짓을 많이 저지른 이는 자다가 가위눌려 깨어나고, 불길한 예감에 휩싸여 살아간다고 한다. 그러고서 부자의 미덕을 늘어놓는다. 무심코 남 속이거나 거짓말 하지 않아도 되는 것, 신에게 바치는 제물을 제때 챙기지 못하거나 이웃에게 빚진 채로 저승에 가지 않아도 되는 장점이 있다고 말이다.

이 내용을 보면, 나이 먹는다는 것이 무엇인지 어림짐작할 수 있다. 다른 무엇보다 젊은 날을 사로잡았던 욕망에서 비로소 벗어날 수 있다. 소포클레스가 말한 것은 예상할 수 있듯 육체적 욕정이었으나, 어디 거기에만 한정할 수 있겠는가. 감각이 무뎌져서, 흥미를 잃어서, 돈이 없어서 줄곧 탐하던 그 무언가를 더는 욕망하지 않게 되는 게 나이 듦의 신호탄일 터다. 공자도 비슷한 말을 했다. 젊을 때는 혈기가 아직 안정되지 않았으니 여색을 경계하고, 장성해서는 혈기가 한창 왕성하니 싸움을 경계하고, 늙어서는 혈기가 이미 쇠잔했으니 탐욕을 경계해야 한다고 말이다(《논어》 〈계씨편〉). 맹자 역시 정신을 수양하는 데 욕심을 적게 가지는 것보다 더 좋은 방법은 없다(《맹자》 〈진심 하편〉)고 갈파했으니, 그 뜻이 서로 통한다.

또 하나는 후회하는 삶이다. 처음에는 지키려는 데 급급했을 터다. 가정을, 직장을, 평판을. 그러다 욕심이 나서 더 많은 것을 얻으려고 했을 것이다. 그러니 수단과 방법을 가리지 않았을 터다. 한데 되돌아보니 허망하기만 할 뿐. 좀 더 인간적으로, 더욱 도덕적으로, 매우 종교적인 삶을 살았으면 얼마나 좋았을까. 그러니, 저승에서 받을 벌로 두려워하는 것이 아닐까. 노년의 삶에는 회한의 세월만 남아 있는지도 모른다. 공자는 "어진 사람은 근심하지 않고, 지혜로운 사람은 미혹되지 않고, 용감한 사람은 두려워하지 않는다"《논어》〈헌문편〉)고 말했다. 지난 삶을 되돌아보며 후회만 하지 말고 남은 삶은 어질고 지혜롭고 용감하게 살라는 메시지로 읽힌다.

키케로가 쓴《노년에 관하여》의 '눈대목'은 노년이 되면 비참해 보이는 이유를 네 가지 내세우고 이를 논박하는 부분이다. 흔히 늙으면 비참해진다고 여기는 까닭은 활동할 수 없게 되고, 몸이 쇠약해지며, 거의 모든 쾌락을 빼앗기고, 죽음에 가까워져서다. 지극히 타당한 통념에 키케로는 반기를 드는데, 그 내용이 무척 흥미롭다. 나이 먹으면 몸은 쇠약해지지만 정신력으로 펼칠 수 있는 활동이 있단다. 계획과 명망과 판단력을 바탕으로 활발히 활동할 수 있는 영역이 있으니 너무 기죽을 필요는 없다는 말이다. 노인에게 체력을 요구하는 일은 드물다. 그러니 노년의 약점을 근면으로 벌충하면 된다고 한다. 자연이 인간에게 준 역병 가운데 쾌락보다 치명적인 것은 없단다. 이성과 지혜로도 쾌락을 거부할

살아 보니, 지능

수 없다면, 욕망을 품지 않게 해주는 노년은 외려 축복인 셈이다. 즐거운 봄날이 가고 여름과 가을이 왔다고 농부가 슬퍼할 이유가 없듯, 오랜 항해 끝에 마침내 항구에 입항하려는데 당황할 이유가 없듯 담담히 죽음을 받아들이면 된다.

바람직한 노년의 삶을 말하는 키케로의 수사학은 수수하지만 통찰력이 있다. "공부와 연구를 하며 살아가는 사람은 언제 노년이 슬그머니 다가오는지 알아차리지 못하기" 마련이라는 말은, 섭공에게 자신을 제대로 설명하지 못한 제자를 두고 공자가 말하기를 "그 사람됨이 모르는 것이 있으면 분해서 밥 먹는 걸 잊어버리고, 알고 나면 즐거워 근심을 잊어버리는데, 늙음이 곧 이르는데도 알지 못하는 사람이라"(《논어》〈술이편〉) 말했어야 했다는 대목과 유사하다. "삶이란 오히려 노고가 아닌가? 설사 삶에 이점이 있다 하더라도 그럼에도 불구하고 반드시 삶에 물릴 때가 올 것이네"라는 말은 "대자연은 (…) 나에게 삶을 주어 힘들게 하였고 늙음으로 편안하게 하였고 죽게 하여서는 쉽게 한다"(《장자》〈대종사〉)는 장자의 말과 겹친다. 노년의 끝은 당연히 죽음일진저, 그 죽음을 당연하게 받아들인다 치면, 남은 삶을 고집 세고, 불안해하고, 화 잘 내고, 괴팍스럽게 살지는 않을 테다.

환갑이 뭐라고 시끄럽고 요란스럽게 지낸 우리 세 사람에게 벼락같이 내린 축복이 바로 이 책이다. 기실 이 험난한 세상을 살면서 동갑내기 세 사람이 우정을 쌓은 것만 해도 큰 복이건만, 거창하게 말해 과학의 대중화, 대중의 과학화라는 가치를 이 땅에 뿌리내리는 가운데 정재승 교수와 강양구 과학 전문기자와 맺은 우정이 바탕이 되어 이 대담집을 펴내게 되었다. 우리의 우정이야말로 정재승 교수가 로빈 던바의 《프렌즈》 해제에 쓴 대로 "아무나와 맺지 않고 매우 선별해서 정하며, 한번 관계를 형성하면 오랫동안 관계를 유지하고, 상호 호혜적인 특징을 매우 중요하게 생각하지만 구체적인 이익이나 이득이 없음에도 불구하고 유지하기 위해 애쓰며, 행복과 건강에 막대한 영향을 미치는" 바로 그 우정이다. 감사한 마음이 흐르는 물이라면 이를 막아 크나큰 저수지로 보여주고 싶을 따름이다.

이 깊고 넓은 우정에 기대어 내가 꿈꾸는 장면이 있다. 옛날에 자상호, 맹자반, 자금장이 서로 깊이 사귀었다. 그러던 어느 날 자상호가 죽었다. 들리기를 아직 자상호의 장례를 치르지 않았다기에 공자가 자공을 보내 일을 도와주게 했다.

살아 보니, 지능

자공이 가보니 한 사람은 노래 부르고, 한 사람은 거문고 타면서 서로 화답하면서 노래하고 있었다.

"아! 자상호여. 아! 자상호여. 그대는 이미 참된 세계로 돌아갔는데 우리는 아직 사람으로 남아 있구나. 아!"

자공이 종종걸음으로 그들 앞에 나아가 말했다.

"감히 묻겠는데, 시신을 앞에 놓고 노래 부르는 것이 예입니까?"

두 사람이 서로 마주 보고 웃으면서 말했다.

"이 사람이 어찌 예의 본뜻을 알겠는가?"

—《장자》〈대종사〉

　　이우보인(以友輔仁)이라, 나의 부족한 인을 채워주는 이가 벗이다. 키케로의 말대로 "나그넷길은 얼마 남지 않았는데 노잣돈을 더 마련하려고" 탐욕을 부리다 어리석은 일을 저지르지 않도록 서로 권면하다가, 열매가 무르익으면 절로 떨어지듯 내 삶이 다하여 땅에 묻힐 때 잘 살았으니 잘 가라고 기뻐하며 노래 불러다오, 벗들이여!

강양구가 바라본 삼이(三李)

이명현 ――――――――――――――――――――――――――――

2010년 11월의 어느 날이었다. 무심코 전화를 받았는데 낯선 목소리의 여성이었다. "이명현의 처 되는 사람이에요." 자세를 곧추세우고 인사를 드렸다. "어젯밤에 심근 경색으로 쓰러져서 지금 병원에 있어요. 다행히 응급 처치를 받아서 괜찮아요. 깨자마자 강 기자한테 전화하라고 해서 이렇게 연락해요."

운이 좋게도 나는 그 시점까지 한 번도 가족을 포함한 사랑하는 사람을 떠나보낸 적이 없었다. 놀란 마음에 안도의 한숨을 내쉬었다. 그러고 나서, 내가 이명현을 얼마나 특별하게 생각하는지 다시 한번 깨달았다. 철들고 나서 이렇게 각별한 평생의 인연을 만날 줄은 상상도 못 했었다. 그래, 인연의 시작은 이명현이었다.

내게 이명현은 선생님이다. 대학교 마지막 학기, 진로 고민을 어깨에 얹고서 졸업 학점을 조금이라도 높일 수 있는 교양 과목을 찾는 중이었다. '독서와 토론.' 책 읽기도 좋아하고 말하기도 좋아하는 나에게 맞춤한 과목이라는 생각이 들었다. 여러 분야의 개설 과목 가운데 이명현이라는 젊은 강사가 진행하는 과학 쪽이 만만해 보였다.

오판이었다. 취업 준비를 하는 와중에 매주 한 권 과학책을 읽고서 서평을 제출하는 일은 곤욕이었다. 하지만 〈코스모스〉를 촬영할 때의 칼 세이건과 닮은 (30대 후반이었던) 이명현의 시크한 매력을 마주하는 일은 즐거운 일이었다. 토론 과정을 지켜보다 던지는 날카로운 한두 마디가 오랫동안 여운을 남겼다. 즐거운 수업이었고, 기억하고 싶은 선생님이었다.

그러고 나서 첫 직장으로 선택한 과학 전문 출판사에서 초짜 편집자로 좌충우돌할 때, 이 시크한 선생님 생각이 났다. 좋은 과학책을 기획하고 싶다고 이메일을 보냈더니, 그는 국내에 나왔으면 싶은 여러 천문학 책의 목록으로 답했다. 비록 편집자에서 기자로 전업하는 바람에 그 목록은 쓸모없게 되었지만, 그와의 사적인 인연이 그렇게 시작되었다.

당시 이명현은 한국의 가장 뛰어난 전파 천문학자였다. 아직 전파 천문학이 학계에 자리를 잡지 못하던 국내 상황 때문에, 좀 더 노골적으로 말하면 다른 학자의 텃세 때문에 유학을 다녀와서 대학에 자리를 잡지 못했다. 하지만 그는 꿋꿋이 모교에서 비정규직 교수로 전파 천문학자 제자를 키웠고, 도심의 대학 한복판에 전파 천문대를 세웠다.

이명현은 자신의 연구 내용을 시민과 공유할 수 있는 남다른 능력이 있었다. 이런 능력의 기원은 청소년 때부터 별과 시를 통해서 벼른 남다른 감수성이었으리라. 그는 10대에 아마추어 천문학 동아리의 핵심 멤버로 별을 연구하는 과학자로서의 수련을 시작했고, 고등학교 문예반 활동 등을 통해서 시인-에세이스트로서의 습작을 시작했다.

내게 이명현은 좋은 친구이다. 몇 차례의 만남 이후에 우리는 곧바로 의기투합했다. 나는 별에는 별반 관심이 없었지만, 이명현의 별 이야기는 좋았다. 그리고 둘 다 책을 좋아하고, 술을 좋아하고, 결정적으로 사람을 좋아했다. 그나 나나 남자 사람보다는 여자 사람을 좋아했지만, 띠동갑이 넘는 나이 차(1963년-1977년)만큼이나 이런 취향 차이도 둘의 친교를 막지 못했다.

이명현은 놀라운 재주가 있다. 그는 어떤 과학 이야기도 시처럼 아름답게 연출하는 타고난 능력이 있다. 고백하자면, 몇몇 글을 읽고서 질투도 느꼈다. 나도 모르게 눈물을 쏟아낸 글들이 그랬다. 새삼 깨달았다. 그의 글이 아름다운 이유는 그가 삶에 무한한 애정을 가졌기 때문이다.

이명현은 누구보다 확실성을 추구하는 과학자지만, 불확실성으로 점철된 삶의 모호성마저도 기꺼이 인정하고 받아들인다. 그는 삶의 여정에서 맺은 수많은 인연에 아낌없이 애정을 쏟을 줄 아는 로맨티시스트다. 오랫동안 그의 사랑을 직접 받아봐서 안다. 그는 한국뿐만 아니라 전 세계에서도 비슷한 사람을 찾기 힘든, 아름다운 글을 쓸 줄 아는 멋진 작가이자 사람이다.

이정모

이명현과 함께 어울리면서 그의 동갑인 이정모를 만났다.

지행합일(知行合一). 생각과 행동이 맞춤한 사람은 되기도 어렵거니와 보기도 힘들다. 그런데 주변에 그런 사람이 있다면 어떨까? 결론부터 말하자면, 피곤하다. 불행하게도 내 주변에는 생각과 행동이 비교적 비슷한 사람이 몇몇 있고. 그 대표를 딱 한 명만 꼽자면 이정모이다. (둘을 꼽자면 앞으로 소개할 이권우가 포함된다.)

지금은 과학 커뮤니케이터 가운데 세 손가락 안에 드는 유명인이 되었지만, 내가 그를 처음 만날 때는 상당히 '걱정되는' 선배였다. 독일에 유학까지 다녀왔지만, 과학자로서는 '필수'라고

할 수 있는 박사 학위가 없었다. 속이 꽉 찬, 대중을 위한 과학책을 펴냈는데 정재승(《정재승의 과학 콘서트》)이나 이은희(《하리하라의 생물학 카페》) 같은 운이 없어서 TV에 소개가 안 되었다.

박사 학위가 없으니, 대학에 자리를 잡기도 어려워 보였다. (그래도 능력이 출중해서 수도권 한 대학에서 이권우와 함께 몇 년간 '교수' 소리를 듣긴 했다) 베스트셀러가 되어도 생계를 꾸리기 어려운 저술가의 삶도 위태로워 보였다. 이제야 하는 말이지만 당시 갓 사회생활을 시작한 나는 이런 걱정도 했다. '아, 딸 둘이 나이도 어린데…'

사정이 그런데 오지랖도 넓었다. 돈, 돈, 돈 해도 모자랄 판에 가끔 만나면 대안 학교 같은 곳에 가서 과학 강의했던 일을 들려주곤 했다. "대안 학교에 가니까 말이야. 과학과 사회의 관계 같은 것만 중요하게 생각하고 과학 지식을 경시하는 거야. 그건 좀 아니지 않아?" 나는 속으로 이렇게 생각했다. '지금 선배가 대안 학교 걱정할 처지는 아니지 않아?'

그는 또 말 그대로 생활 정치인이었다. 고인이 된 한 대통령의 열성 지지자인 건 알았는데, 선거철이 되니까 말 그대로 정치꾼으로 돌변했다. 특정 정당, 특정 후보의 선거운동에 발 벗고 나서더니, 2010년 지방 선거 때는 전국 최초로 살던 곳에서 야당 선거 연합(고양 무지개 연대)을 일궜다. 그때도 속으로 생각

기획의 변　　　　217

했다. '아, 저 오지랖!'

그러던 참에 깜짝 소식이 들렸다. 2011년 "우리나라 최초의 공립 자연사 박물관" 서대문자연사박물관 관장으로 취임한 것이다. 아나나 다를까, 그는 서대문자연사박물관을 시끌벅적한 곳으로 만들어 놓더니, 2017년 5월 17일 서울시 노원구에 개관한 서울시립과학관 초대 관장이 되면서 와자지껄한 실험을 계속 이어갔다.

천직이 '과학관장'이 아닌가 싶을 정도로 일을 잘하니 소문이 안 나면 이상하다. 어느 날, '고위 공무원' 신분이 되는 터라서 경쟁이 치열할 대로 치열한 유서 깊은 국립과천과학관장으로 임명되었다는 소식이 들렸다. 그의 경험과 철학을 덧칠한 국립과천과학관이 한 차원 업그레이드되었음은 물론이다. (바이러스 유행만 아니었더라면, 훨씬 빛났을 텐데 아쉽다.)

아, 이 이야기도 해야겠다. 이렇게 좌충우돌 살아가는 와중에 동네에서 만난 마음 맞는 이들과 의기투합해서 농업기술센터에서 농사를 배우고 "춘천까지 가서 시험을 봐 '유기농기능사' 자격증도 취득했다." 그러고 나서, "우리가 먹을 것은 우리가 마련하겠다고" 생태 농업을 실험했다.

그동안 '각종 과학관장'이자 과학 커뮤니케이터 이정모의 존재만 접했더라면, 지금까지의 소개가 조금 낯설 수도 있다. 내가 만난 이정모는 '어울려' 살고 또 '함께' 생각하는 사람이다. '지식'이 아니라 '태도'로서의 과학은 바로 그렇게 어울려 살고 함께 생각하기 위한 접착제이고. 참, 내가 오지랖 넓게 걱정하던 두 딸은 이미 훌쩍 커서 아빠의 자랑거리가 되었다.

이권우

시간순으로만 따지자면 이권우와의 인연이 가장 늦었다.

2006년쯤이었을까. 포항에 본부를 둔 한 국제 과학 기구의 과학 문화팀에서 함께 일해보자는 연락을 받았다. 본부가 있는 대한민국의 과학 문화 고양을 위해서 예산 일부를 쪼개서 과학 문화 사업을 벌이는데 기획위원으로 함께하자는 제안이었다. 그때 이권우가 전화를 걸어서 낭랑한 목소리로 "강 기자 함께 하죠" 하면서 참여를 권유했다.

그 기획위원에는 이미 정재승(위원장), 이권우가 참여하고 있었고, 함께 하던 물리학자가 건강상의 이유로 물러나게 되면서 내가 참여하게 되었다. (그 물리학자가 바로 김상욱이다) 그리고 나중에 정재승, 이권우와 함께 내가 물러나면서 다음으로 그 자리 바통을 이어받은 과학자가 이명현이다. 이렇게 세상은 돌고 돈다.

사실, 처음에는 긴장했다. 이권우의 '악명'을 이전부터 들었던 터였다. 한 성깔 하는 '도서평론가'가 있는데 한 번 찍히면 큰일이라는 무서운 경고였다. 사회생활 5년도 안 한 나로서는 당연히 긴장할 수밖에 없었다. 그런데, 직접 만나본 이권우는 책과 술을 좋아하는 '좋은' 선배라서 뜻밖에 죽이 잘 맞았다.

사실, 이렇게 죽이 잘 맞은 이유는 따로 있었다. 우리는 '뒷담화'로 통했다. 몇몇 저자와 그들이 쓴 책을 놓고서 이러쿵저러쿵 의견을 교환하기 시작했는데, 좋은 평가와 나쁜 평가가 놀랄 만큼 일치했다. "나는 그이가 쓴 책은 무슨 소리인지 하나도 모르겠던데." "앗, 저도 그렇던데요?" 이러니 죽이 잘 맞을 수밖에. 생각해 보니, 이런 일화도 있었다.

2000년대 후반의 어느 연말, 평소 교류가 뜸했던 번역가 둘과의 친목 모임이었다. 그날 처음 만나는 한 번역가는 나에게 모종의 적대감도 가지고 있는 듯했다. 이런저런 얘기를 나누다, 내가 이권우와 친밀하다고 언급했다. 그 후에 어떻게 되었을까? "정말 이권우 선생님과 친하세요?" 분위기가 좋아졌다. 그는 이권우가 허투루 사람을 사귈 리가 없다고 확신한 것이다.

이권우는 이명현이나 이정모와는 여러 사정으로 대학에서 정식으로 석사 과정이나 박사 과정을 밟지 않았다. 하지만, 어쭙잖게 선배를 평가하자면 '학자'로서의 자질은 셋 가운데 이권우가 최고다. 엉덩이가 무겁게 한 주제에 파고드는 탐구열도 그렇고, 해당 주제를 다루는 참고문헌을 요령 있게 정리해서 핵심을 뽑아내는 솜씨가 그렇다.

이런 가정은 무의미하지만, 이권우가 자신의 원래 전공이었던 국문학이나 혹은 평생 관심의 끈을 놓지 않았던 종교학, 정치학(동양 철학) 등을 본격적으로 공부했다면, 그가 높이 평가하는 웬만한 학자보다도 더 높은 성취를 얻었으리라 확신한다. 하지만, 1980년대 초중반의 시대가 이권우를 마음 편하게 공부하도록 놓아주지 않았다.

대신, 대한민국은 한 시대를 풍미한 불세출의 '독서 운동가'를 얻었다. 세상 사람이야 매체에 짧게 실린 이권우의 서평이나 부정기적으로 열리는 도서관의 강연으로 그를 접할 테다. 하지만, 이른바 도서관 업계에서 그의 영향력은 절대적이다. 그가 공식, 비공식적으로 전국 곳곳의 사서와 함께 노력한 덕분에 오늘날 대한민국의 이만큼의 도서관 문화를 가질 수 있었다.

예를 들어볼까? 2007년의 늦가을로 기억한다. 화천의 한 초등학교에 과학자 여럿이 모였다. 이명현, 이정모, 장대익, 정재승, 전중환 등. 나도 막내로 참여했다. 이권우가 평생 과학자를 한 명도 본 적이 없는 작은 시골 마을에 과학자가 찾아가서 무료로 강연하는 프로그램을 기획했고, 그 실험을 해본 것이다.

이후에 비슷한 취지의 좋은 프로그램이 많아졌다. 나도 이명현, 김상욱과 함께 『과학 수다』(사이언스북스)를 펴내고 나서 전국 곳곳을 돌아다닌 적이 있다. 이 모든 선한 의도의 실천이 사실 이권우가 처음 기획하고 현실로 옮겼던 실험에서 비롯한 것이다. 좋은 선배 덕분에 나도 역사의 현장에서 한 발 걸칠 수 있었다.

✦

돌이켜 보면, 이명현 이정모 이권우와 나와의 관계는 애정의 경사가 내 쪽으로 기울어져 있었다. 주로 요구하는 쪽은 나였고, 흔쾌히 응하는 쪽은 그들이었다. 20대, 30대 청춘의 철없는 고민 상담 상대가 되어 주었고, 결혼 출산 실직과 같은 인생사의 중요한 순간에 현명한 결정을 내리도록 도왔다.

옛 직장에서 서평 전문 웹진을 시작했을 때, 군말 없이 편집 위원을 맡으며 격려를 해줬다(이명현, 이권우). 때로는 원고를 펑크 낸 나쁜 필자를 대신해서 속된 말로 땜빵 원고를 쓰는 일도 마다하지 않았다(이정모). 그렇게 내가 보채서 얻은 글의 다수가 엮여서 책으로도 나왔다. 이 셋이 쓴 글의 첫 독자는 대개가 나였다.

이 셋이 어느새 환갑이 되었단다. 그들을 처음 만날 때 20대에서 30대로 넘어가던 시기였던 나도 40대 후반을 바라보는 나이가 되었다. 예전부터 농담처럼 당신들 환갑은 내가 챙겨주겠다고 큰소리쳤었다. 막상 환갑이 되어 보니, 자기들이 알아서 전국 곳곳의 도서관과 서점을 누비면서 환갑잔치를 빙자한 새로운 실험을 할 줄은 몰랐지만.

나만큼이나 오랫동안 셋과 교류했던 과학자 정재승, 김상욱, 장대익에게 이들의 환갑에 맞춰서 뜻깊은 선물을 해주자고 제안했다. 정재승과 함께한 《살아 보니, 지능》, 김상욱과 함께한 《살아 보니, 시간》, 장대익과 함께한 《살아 보니, 진화》는 이렇게 탄생했다. 과학과 책이 사람을 타고서 우정이 되는 멋진 모습을 여러분과 함께 할 수 있어서 기분이 좋다.

앞으로도 오랫동안 이명현, 이정모, 이권우와 함께 유쾌한 실험을 계속할 수 있으면 좋겠다. 마지막으로 평생 하지 않을 말을 하고 마치자.

"이명현, 사랑해!" "이정모, 사랑해!" "이권우, 사랑해!"

33한 프로젝트

살아 보니, 지능

초판 1쇄 발행 2023년 12월 20일

지은이 이권우, 이명현, 이정모, 정재승
기획·정리 강양구
발행인 김형보
편집 최윤경, 강태영, 임재희, 홍민기, 박찬재
마케팅 이연실, 이다영, 송신아 **디자인** 송은비 **경영지원** 최윤영

발행처 어크로스출판그룹(주)
출판신고 2018년 12월 20일 제 2018-000339호
주소 서울시 마포구 양화로10길 50 마이빌딩 3층
전화 070-8724-0876(편집) 070-8724-5877(영업) **팩스** 02-6085-7676
이메일 across@acrossbook.com **홈페이지** www.acrossbook.com

ⓒ 이권우, 이명현, 이정모, 정재승, 강양구 2023

ISBN 979-11-6774-126-4 03400

만든 사람들
편집 최윤경, 임재희 **교정** 오효순 **사진** 이우재
표지디자인 [★]규 **본문디자인** 송은비 **조판** 박은진